设计师教你这样装修

没争吵 不抱怨 更耐用

张德良／著

北京联合出版公司
Beijing United Publishing Co.,Ltd.

你重视细节吗？

你凡事喜欢刨根问底儿吗？

你期待你的家
不只做得好，还做得对吗？

本书是写给对设计有想法、对施工很有要求、对家抱有期待的人。

具备 20 多年从业经验的设计师张德良，

拆解装修过程中的繁复工序、施工、监工及验收，

借由简单、易懂的步骤，

协助你打造舒适好家的梦想。

这是一本让你不用练就十年功，就能安心做装修的"装修宝典"。

不为房子施工问题担心，你也能办到

从事室内设计工作近 20 年，我经常听到很多人的房子在装修 2 ~ 3 年后，陆续出现问题，需要修缮。多数人也许认为这是正常情形，但事实上大家可能并不知道，如果当初有正确的施工程序与施工方法，房子能住得更长久、更耐用，很多完工后的修缮根本不会出现！

不仅如此，我也听到很多人无奈地抱怨，自己搬进装修好的房子后，却必须小心翼翼地生活，违背了轻松生活的初衷。基于种种不合理现象，让我有了写书的动机。希望借由这本书帮助读者拥有房屋装修的专业知识，具备可与设计师抗衡的专业能力。在装修时适时提出合理的要求及检核标准，能住在不必花太多精力清洁打理的房子里，居家生活自然舒适无负担了。

这本书的内容不只是工程缺失上的提醒，更希望将对的方法、装修过程中的流程细节透过我亲自建立的一套 SOP（Standard Operating Procedure）标准作业程序，来协助大家解决问题，让生活更美好。

很多人问我，为什么会想要建立装修 SOP 流程？当初是因为工作的需要，再加上本身要求细节的个性使然，才会有着手撰写 SOP 的想法。如今回想起来，打字很慢的我，竟然能一字一句从键盘上敲出多达一千项的工程装修 SOP（还不包括数百条的设计 SOP），实在连我自己都惊讶！也因为我透

过这些对的方式来管理，我的工作才会更顺畅、更有效率。不管是跟客户互动或规划设计，或是工程容易疏漏的地方，都能透过 SOP 的检查顺利解决，并避免可能发生的问题。也因为这样的正面经验，才有此次机会与漂亮家居编辑部合作出版这本书，将各种信息整理成册。

我很重视这本书的每个环节，为了做到最好，耗费近一年时间筹备制作。书中接近 90% 的照片都由我亲自拍摄，因为我相信唯有秉持追求细节的精神，才能达到完美。最后，我要感谢漂亮家居编辑部和参与本书制作的编辑们，以及所有高度配合的工人、厂商与业主们，你们的支持和鼎力相助，使得这本书终于能够顺利问世。

想拥有一个住起来轻松惬意的家，不为房子的施工问题而费神担心吗？看了本书，你也能办得到！

目 录

Chapter6 空调工程
1分钟搞懂空气对流原理，从此住得舒适又凉爽

Chapter7 木作工程
小心板材被偷天换日，施工被偷工减料

Chapter8 组合柜工程
组合柜其实可以有更多变化

Chapter9 油漆工程
一个家的美丑，全看表面功夫做得好不好

Chapter10 木地板工程
接缝没算好，半夜睡觉不得安宁

Chapter11 玻璃工程
营造风格、小宅变大的好帮手

附录

Chapter 01

保护措施没做好，
小心事后邻居要求赔偿

施工保护工程

保护工程是装修工程的第一步，在所有施工工程进行前，必须先将公共空间及室内空间都做好防护措施，才能确保之后的工程安全、顺利进行。如果没有做好妥善的保护工作，日后在施工中容易破坏原有的建材，导致后续工程运作上的麻烦。同时也会影响进度，若损坏情况严重，还可能要将被破坏的部分修复或重做。不但要多花一笔钱，也耗费更多的时间。因此，一开始就把保护措施彻底做好，对而后的工作有非常大的帮助！

施工保护工程流程

01 施工保护工程
02 拆除工程
03 泥工工程
04 铝窗工程
05 水电工程
06 空调工程
07 木作工程
08 组合柜工程
09 油漆工程
10 木地板工程
11 玻璃工程
附录

 要点 1 施工保护，必须知道的事！

1 在施工前应由施工单位向物业申请张贴告示及缴交保证金。若大楼无物业，也应礼貌性地张贴，告知邻居与住户。

2 保护工程的范围包含电梯、楼梯间、送料必经过道等公共空间。室内空间从地面、厨具、浴室到窗户，只要不拆、不搬皆需防护。

3 装修期间，若发现保护工程有破损或翘起，应随时更换，以确保建材不受破坏，也维护人员的安全。

要点 2 速查！名词解释

PU 防潮布： 保护地面时铺设的第一层防护，具有防水功能，可隔绝与重物接触时留下压痕痕迹。

白板： 保护地面时铺设的第二层防护，也是保护壁面时所用的材质，具有缓冲、防冲撞功能。

夹板： 就是薄的木板，用来加强地面保护的坚固度。在壁面保护时，会特别将其运用在转角，加强防护。

 要点 3 施工保护工程的核查工作！

公共空间	向物业申请后张贴，告知邻居即将有装修工程要展开。	☐
	若大楼没有物业，也应礼貌性地张贴告示告知邻居。	☐
	业主自己找装修队装修，记得要自行申请。	☐
	电梯内外皆要做好防护措施，包含电梯门框、周围壁面。	☐
	楼梯间的公共地面以防潮布、白板、夹板做好三层保护，送料时会经过的过道也要一并保护。	☐
	大门也要以白板、夹板做好双层保护。	☐
	大门的保护层黏贴于金属门框上是最佳的。	☐
	大门内侧面的门把要套上缓冲套，预防碰撞到后方的柜子。	☐
室内空间	地面以 PU 防潮布、白板、夹板进行三层保护。	☐
	木地板再多加一层夹板加强保护，尤其是硬度较差的实木复合地板。	☐
	检查木地板保护措施的厚度，是否铺了两层夹板，做到双层保护。	☐
	抛光石英砖在转角处应用角料保护，防止施工中碰撞产生缺角或破裂。	☐
	厨具台面、上下柜体都要妥善包覆，降低因碰撞产生的损伤。	☐
	浴室内的马桶、面盆、台面也要全部做好防护。	☐
	突出易受损的卫浴配件，拆下交由业主或设计公司代为保管。	☐
	窗户若使用镀膜玻璃，为避免刮伤镀膜，一定要加以保护。	☐

1. 公共空间
不想过道留下痕迹，从材料卸货开始就要做好保护

别担心！ 做对施工，一步步来 **OK**

步骤 1 张贴告示

张贴告示，由施工单位向物业申请后张贴，告知邻居与住户即将会有装修工程展开，请大家多多包涵。

施工公告
本大楼 101 号 18 楼于即日起进行室内装修，预计于 2014 年 10 月 1 日完工。施工期间给大家造成不便，敬请谅解。

Tips: 若大楼没有物业，也应礼貌性地张贴告示告知邻居及住户。若自己找工人装修，记得要自行申请。

步骤 2 电梯保护

电梯门框、周围壁面及内外皆要做好防护措施。

电梯外

电梯内

监工 电梯内部用角料撑住夹板保护，避免碰撞损伤。

步骤 3 **公共地面保护**

楼梯间的公共地面以防潮布、白板、夹板做好三层保护，连同送料时会经过的过道壁面也要一并保护。

监工 运送材料行经的通道，以及公共地面都要进行防护工程。

步骤 4 大门保护

大门是公共空间与室内空间的分隔，也要以白板、夹板做好双层保护，以免工程中遭受撞击受损。

 为了避免胶带的残胶造成大门（尤其是表面建材为木作的大门）掉漆损坏，保护时应将胶带黏贴于金属门框上。

监工 大门内侧面的门把要套上缓冲套，预防碰撞到后方柜子。

完成 公共空间保护工程完成！

 检查胶带有没有贴好。

验收 2 墙面转角处确认保护到位，没有遗漏。

QA 解惑不犯错

01 施工保护工程

02 拆除工程

03 泥工工程

04 铝窗工程

05 水电工程

06 空调工程

07 木作工程

08 组合柜工程

09 油漆工程

10 木地板工程

11 玻璃工程

附录

Q 告示中要有哪些内容?

A：告示中需要条列开工日期、施工单位的联络人及电话，以便发生任何状况时能找得到负责的人员协助处理。

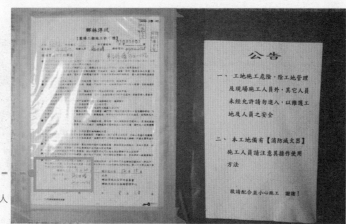

开工日期、电话、联络人

Q 地面的三层防护有什么作用?

A：
第一层 PU 防潮布→防水、防渗色；
第二层白板→防冲撞、具有缓冲作用；
第三层夹板→加强坚固性。

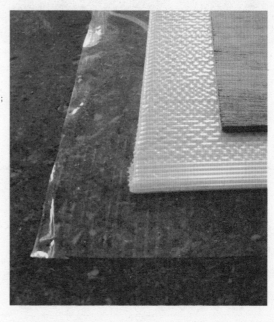

Q 地面没做到三层防护有什么影响？

A：防潮布可防止水或饮料等渗入木地板或地砖，并避免吃色（即染色）；白板和夹板则能隔绝重物压下时与地面接触留下的痕迹，彻底保护地板或地砖。

 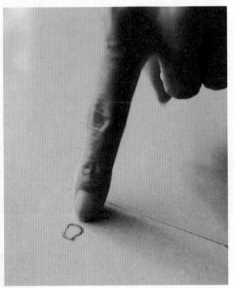

被骗了 看清真相，小心被骗

状况 1 最近大楼内有邻居正在装修，但我发现公共空间保护措施有破损、翘起，请问他们应该换新的吗？

| 解决方案 |

施工保护措施除了保护原有空间的建材之外，也必须顾及人员的安全，若发现保护层有破损、翘起，施工单位应该主动负责更换，业主或住户也有告知更换的权利。

状况 2 我家住在五楼，装修时需要从楼下运送材料至五楼，那么一楼或地下室的通道，也需要做保护措施吗？

| 解决方案 |

只要在送料过程中会经过的通道，都应该做好保护措施。所以从下货处开始，无论是一楼或地下室皆要防护。如果物业有特别的要求，也应依规定进行防护。

01 施工保护工程
02 拆除工程
03 泥工工程
04 铝窗工程
05 水电工程
06 空调工程
07 木作工程
08 组合柜工程
09 油漆工程
10 木地板工程
11 玻璃工程
附录

2. 室内空间
凡是不搬的橱柜、不拆的地板，通通要做好保护

步骤 1　地面以 PU 防潮布、白板、夹板进行三层保护

地面以 PU 防潮布、白板、夹板进行三层保护，木地板再多加一层夹板加强保护。

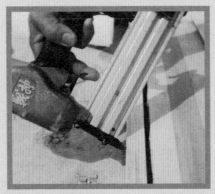

监工 若地面使用抛光石英砖，因有与其他材质相接的问题，在转角处应用角料保护，防止碰撞导致缺角或破裂。

监工 抛光石英砖转角用下角料保护后，还需要贴上保护胶带，使保护能百分百落实。

Tips: 实木复合地板因硬度较差，容易产生凹陷，要多加一层夹板保护。

步骤 2　厨具妥善包覆

厨具的台面、上下柜体都要妥善包覆，降低在装修期间因碰撞产生的损伤，使其在完工后仍可继续使用。

步骤 3　浴室内全部做好防护

浴室内的马桶、面盆、台面也要全部做好防护，突出易受损的卫浴配件，建议拆下交由业主或设计公司代为保管。

步骤 4 **窗户包覆**

窗户损伤的机率虽然较小，但窗户若使用镀膜玻璃，为了避免刮伤镀膜，应加以保护。

> 现场铝门窗若为有色玻璃，严禁贴任何胶带，并要小心，以免划伤。

Tips: 窗户的玻璃可先请设计师确认是否为镀膜玻璃，在窗户所在的墙上贴告示，然后进行保护工作。

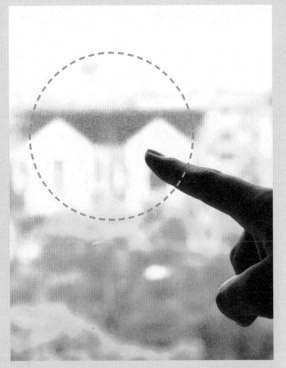

监工 目前使用的镀膜玻璃日渐增多，要特别注意保护以免刮伤镀膜，造成装修纠纷。

完成 **室内保护工程，完成！**

验收 1 确认地面有三层保护。

验收 2 地面保护与墙面相接处，确认没有疏漏。

验收 3 凡厨具、卫浴、铝窗玻璃、木地板等，都依要求落实保护。

注意 Q QA 解惑不犯错

01 施工保护工程
02 拆除工程
03 泥工工程
04 铝窗工程
05 水电工程
06 空调工程
07 木作工程
08 组合柜工程
09 油漆工程
10 木地板工程
11 玻璃工程
附录

Q 既然木地板要加强保护，为何不直接铺厚木板，而铺两层夹板呢？

A：使用厚板会造成工序上的麻烦，例如：要安装柜子时，必须将保护层割开放置，这时厚板在切割上就会很困难且耗费时间，以致耽误工程的进行。

Q 厨具和浴室的水龙头需要包覆保护吗？

A：水龙头的形状特殊，并不好包覆。硬包覆不但达不到保护的目的，还容易因此造成伤害，不包覆反而能达到提醒、注意的目的。

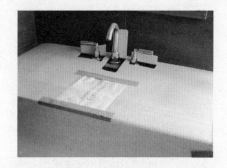

Q 哪些卫浴配件需要拆下保管？

A：突出、易受损的卫浴配件皆要拆下保管，凡莲蓬头、抽风机、马桶控制开关等，拆下后交由设计师统一保管即可。

被骗了 看清真相，小心被骗

状况 1 我家窗户玻璃是镀膜玻璃，为了避免刮伤，是不是干脆卸下保管比较好？

| 解决方案 |

每天施工结束离开前，都必须将门窗关好，以防窃盗或雨水灌进。若将玻璃卸下，将导致窗户于施工期间无法关闭，而且频繁的拆装有时反而会造成门窗的碰损。

状况 2 虽然浴室内都进行了保护，但我还是担心里面的物件会受损，有没有更好的防护方法呢？

| 解决方案 |

浴室内的浴缸可使用白板或发泡纸搭配厚板包覆保护。既有的台面上则贴上"禁放物品"的告示，以防破损或留下压痕、水渍等。如果情况许可，也可以直接在浴室门上贴上"请勿使用"的告示，避免闲杂人等进入。

01 施工保护工程

02 拆除工程

03 泥工工程

04 铝窗工程

05 水电工程

06 空调工程

07 木作工程

08 组合柜工程

09 油漆工程

10 木地板工程

11 玻璃工程

附录

做对了　正确的案例分享

案例 1 做好保护让地砖能继续沿用

原房状况： 房子地面本来已有抛光石英砖

业主需求： 要保留原本地砖，不打算更换

重新设计： 新房在交房时，地板已铺设抛光石英砖，且业主不准备更换新地材，因此在一开始即将原本地砖做妥善的保护，完工后拆掉防护层，旧地砖毫无损坏，可与装修后的新家搭配。

案例 2 后期施工的木地板一样要保护

原房状况：整间房子敲除、重新整修
业主需求：地面要使用木地板

重新设计：木地板工程在装修中属于后期的项目。尽管如此，木地板铺设完成后，仍要做好保护，以免后续的施工损伤地板表面，造成污染、凹洞或刮痕。

案例 3 原有建材及先完工部分皆要保护

原房状况：预售房变更案，需要作全装修
业主需求：希望某些已完成部分的装修材料能小心保护
重新设计：原有的建材在施工之初必须做好保护，装修中先完成的木作、玻璃工程（如流线型板材、镜子等）也都要做好保护，避免而后的工程对其造成碰撞、毁损。

01 施工保护工程

02 拆除工程

03 泥工工程

04 铝窗工程

05 水电工程

06 空调工程

07 木作工程

08 组合柜工程

09 油漆工程

10 木地板工程

11 玻璃工程

附录

案例4 浴缸、淋浴配件别忘了保护

原房状况： 新建成房屋，已完成浴室设计

业主需求： 对浴室空间满意，不打算变动

重新设计： 原本的浴室空间的附赠配备都符合居住的需求，不需要再花钱翻新。因此在装修进行时，无法搬移的浴缸一定要做好防护，淋浴配件可拆卸保管，待完工后再装上使用。

Chapter 02

该留该拆弄清楚，
乱拆一通危险又遭殃

拆除工程

要建立一个新家，"破坏"是第一件要做的事。拆除的顺序和施工的顺序是相反的，简单来说就是由上到下、由木到土，当然现场也会出现一些突发状况，还是必须依照当时的情况弹性地调整顺序。

拆除工程进行的方式，通常可分为两种：一次性拆除和分批拆除。
一次性拆除：在一天内完成全部拆除，虽然节省时间，但同一时间内人机过多、场面混乱，较不好掌控进度，也容易有所遗漏，且机器同时共振更容易产生裂缝，很可能造成危险。

分批拆除：把拆除项目分2～3天进行，可减少巨大的施工声响和噪音，对邻居的影响也较小，可控制现场仔细检查，避免二次拆除的状况发生。

拆除工程完成后，记得要确认两件事：一、核对估价内容和图面是否正确，例如要拆掉的隔断墙是否已经拆除；二、检查墙壁是否牢靠，在拆除工人退场的当天，可请设计师到现场，一同检查隔断墙和梁柱之间有没有裂缝。若发现有"规则性"的直裂纹或横裂纹，说明和原墙结构衔接不佳，应与设计师讨论如何解决，以免日后倒塌，造成危险。

拆除工程流程

01 施工保护工程

02 拆除工程

03 泥工工程

04 铝窗工程

05 水电工程

06 空调工程

07 木作工程

08 组合柜工程

09 油漆工程

10 木地板工程

11 玻璃工程

附录

 要点 1 拆除保护，必须知道的事！

1 拆除前先做好关水、断电的处理，防止工程进行中发生漏水、触电或电线走火等意外。

2 大门具有方便出入及维护安全的用途，若大门为一扇门，且需要更换时，建议配合工程安排拆除。若为两扇门，则可先拆一扇，保有进出和工地安全的功能。新大门的安装时间要与拆除时间衔接好，才不会产生无门的空窗期。

3 施工时间原则上为 8 点至 12 点，14 点至 18 点，其他时间不得从事敲、凿、刨、钻等产生噪声的装饰装修活动，由于施工时间会影响报价，因此必须事先确认沟通。

 要点 2 速查！名词解释

见底： 将原有墙面以机器敲除，直到露出红砖面或防水层底部为止。通常常见于处理壁癌问题及浴室地砖、壁砖或原施工不良的壁面拆除。

清运： 拆除后的废料必须清理运走，倾倒于合法的废弃物堆置场。一般以"车"为计算单位，价格为 300 元左右，还要再加一笔人工搬运费。

回收： 如果有一些旧有的大型废弃物（如家具、沙发、冰箱等），不建议一起随废料清运，可找社区的指定回收点收购或丢弃，省下一笔费用。

 要点 3 拆除保护工程的核查工作！

木作柜 & 表面装饰	将所有排水孔做好保护，以免拆除时的工程废料掉入，造成阻塞。	☐
	留意拆除后留下的钉子是否清除干净，以免发生危险。	☐
天花板	特别注意管线，小心不要破坏到洒水头或消防传感器。	☐
	若曾经变更过格局，里面可能藏有不同用途的线路，应特别留意。	☐
	拆除前一定要先关水、断电，以免造成漏水、触电的危险。	☐
	若是有洒水头或传感器的天花板，应先破坏其周边的木板，避免勾扯造成漏水。	☐
	先拆下安装在天花板上的灯具，再拆天花板。	☐
隔间	先敲打中间段墙面，让上方的砖墙自然塌下，可节省拆除时间。	☐
	有开口（如门、窗）的砖墙隔间，要分次切割再拆除。	☐
地板	地板若要保留继续使用，应以防潮布、白板、夹板包覆好，以防止重物堆压或颜色渗透。	☐
	地砖拆除完后，要再检查、确定残留的水泥已清除干净。	☐
	地板下方藏有水管，拆除前要先断水，拆除过程中则要小心，避免打破水管。	☐
	可用铁锤敲敲看，有没有出现空心的异声，以确认木地板下的瓷砖或打底层是否需要拆除。	☐

1. 拆除木作柜 & 表面装饰
拆下的废料没清干净，小心后续工程发生危险

别担心！ 做对施工，一步步来 OK

步骤 1	将木作柜的门板卸除

Tips: 拆除前记得将所有排水孔做好保护，以免拆除时废料掉入其中，造成阻塞。

步骤 2	拿下木作柜内的层板

步骤 3　木作拆除

用大铁锤破坏木作柜结构，墙壁表面若有木作装饰也一并拆除。

步骤 4　废弃物清运

捶打木作柜后拿下拆解，并与其他拆下的木作废料一起清运。

完成　木作拆除，完成！

验收 1 拆除是否落实，比如看该拆到见底的部分是否确认完成。

验收 2 检查拆除后水管是否有渗漏，电线是否因拆除而破损外露。

验收 3 拆除清运后是否做了现场及公共区域的清扫工作。

案例1 拆掉柜子让空间更开阔

原房状况：在壁面做了顶天立地的高柜

业主需求：想舍弃柜子，让空间变大点

重新设计：柜子多不等于收纳好，有时柜子反而成为空间中的阻碍，压缩了该有的宽敞尺度。将又高又笨重的壁面高柜拆除，以简单线条设计的天然木皮壁板重新装饰，不但使空间变得开阔，也增添了视觉美感，且完全看不出柜体的痕迹。

案例2 壁柜拆干净，让新建材好附着

原房状况：主卧床头上方有一整排壁柜

业主需求：睡觉感到头顶有压迫感，要拆除壁柜

重新设计：卧室是需要收纳柜的主要空间，但太多柜子容易造成压迫感。因此决定拆除位于床铺上方的整排壁柜，以简单的绷布材质取代。柜体必须拆除干净，才能使新铺设的建材紧密贴附，不会产生掀角、易掉落的状况。

案例 3 拆旧柜换新柜，增加功能性

原房状况：原本就有一座大型柜体做为隔断墙

业主需求：需要一个好看又好用的新柜子

重新设计：在原始空间规划中，即以柜体做为
两空间的区隔，但柜子的设计已经过时，且不
具符合生活习惯的功能性，所以借由简约的设
计，加上开放式书柜及抽屉柜的形式，重新赋
予隔间柜实用性与美感。

案例 4 同样位置可规划不同柜型

原房状况：老房子翻新，空间用途重新规划

业主需求：希望将窗景及采光引入室内

重新设计：原本的格局不佳，不但遮蔽局部
采光，还浪费了大片窗外景色。因此把周围
的柜子全部拆除，并依照现场采光及景观条
件重新规划。新设计的柜子除了满足收纳的
需要，也一如业主期望的，可将窗景及采光
引入室内。

2. 拆除天花板

暗藏管线多，拆除时要小心别拆错

别担心！ 做对施工，一步步来

OK

步骤 1 以铁撬敲破天花板板材

Tips: 拆除时要特别注意管线，小心不要破坏到洒水头或消防感应器。

Tips: 曾经变更过格局的更要特别留意，里面可能藏有不同用途的线路。

监工 拆除时要先破坏洒水头或消防感应器旁边的木板，才不会不慎勾扯到管线，造成漏水。

监工 拆天花板前一定要先关水、断电，以免造成漏水、触电。

01 施工保护工程

02 拆除工程

03 泥工工程

04 铝窗工程

05 水电工程

06 空调工程

07 木作工程

08 组合柜工程

09 油漆工程

10 木地板工程

11 玻璃工程

附录

步骤 2 **天花板的拆除**

大力向下扯，使天花板整片坍塌。

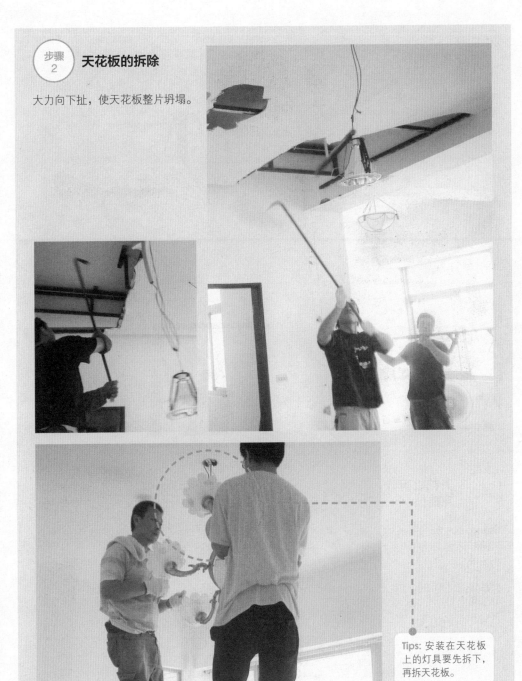

Tips: 安装在天花板上的灯具要先拆下，再拆天花板。

步骤 3 角料拆除

将原本固定天花板的角料拆除。

监工 原本用来固定天花板角料的钉子，一定要清除干净，不能留在墙壁上。

完成 天花板拆除，完成！

验收1 原有天花板上的消防安保设施，是否无破坏。

验收2 建议顺便检查楼上的倒吊管有没有渗漏水。

01 施工保护工程
02 拆除工程
03 泥工工程
04 铝窗工程
05 水电工程
06 空调工程
07 木作工程
08 组合柜工程
09 油漆工程
10 木地板工程
11 玻璃工程
附录

被骗了　**看清真相，小心被骗**　✕

状况 1　**拆除前忘了关水，会发生什么问题?**

| 解决方案 |

洒水头或消防感应器漏水，会造成工地及邻居的损失，对后续工程的影响很大。因此拆除前事先关水是最好的防范方法，每天离开前都确认是否将水关好。如果工人有抽烟的习惯，也要请他们格外小心，以免启动感应器洒水，造成意外。

状况 2　**我家的隔断墙没有做到顶，拆除时的顺序应该如何安排呢?**

| 解决方案 |

施工现场的突发状况很多，拆除的顺序也要视情况随机应变。一般隔断墙做到顶时，拆除顺序为木作→天花板→隔断墙→地板，但隔断墙若是未做到顶，天花板和隔断墙的拆除顺序就必须颠倒，否则先拆了天花板，隔断墙会有倒塌的危险。

隔断墙做到顶的拆除步骤

木作 ➡ 天花板 ➡ 隔断墙 ➡ 地板

隔断墙未做到顶的拆除步骤

木作 ➡ 隔断墙 ➡ 天花板 ➡ 地板

做对了　正确的案例分享

案例1 保留原有结构特色

原房状况：房屋结构特殊，具有斜房顶的特色

业主需求：喜欢原始的房屋结构，希望能尽量保留

重新设计：对于拥有特殊结构的房屋，拆除天花板并非必要的装修步骤。保留原有的房顶结构，让梁柱裸露在外，变成卧室的独家特色，不但省下拆除天花板的工时与费用，又能展现房子最美的一面。

案例2 改装吊灯要注意结构安全

原房状况：天花板照明是一般的吸顶灯

业主需求：想在餐厅设计一盏更有气氛的吊灯

重新设计：为了让餐厅区域更有用餐气氛，将天花板设计贴附镜面材质，利用反射放大空间感，并将吸顶灯换为水晶吊灯。此时天花板结构须特别加强，才能支撑吊灯重量，提升承载力及安全性。

案例 3 拆除天花板，提高空间高度

原房状况：一般平顶天花板的设计压低了空间高度

业主需求：希望能重新规划，增加室内高度

重新设计：将天花板拆除，重新设计。借由立体天花板的设计手法，制造向上延伸的视觉感受。并提高室内高度，解决格局低矮的缺点，也多了层次的变化。

案例 4 平顶变间照多了空间层次感

原房状况：为没有造型的平顶天花板

业主需求：想让天花板简单而有型

重新设计：平顶天花板几乎没有造型可言，简单而难免单调。想让天花板有点变化，不妨拆掉，改以间接照明的设计。多了灯光的天花板，柔和明亮又带有层次感，能为居家空间增添温暖舒适的气氛。

别担心! 做对施工，一步步来

 OK

步骤 1　敲除墙面

用大型榔头搭配碎石机敲除墙面。

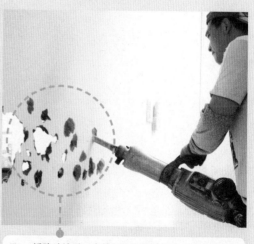

Tips: 拆除砖墙时，先敲打中间段的墙面，让上方的砖墙自然塌下，可节省拆除的时间。

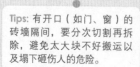

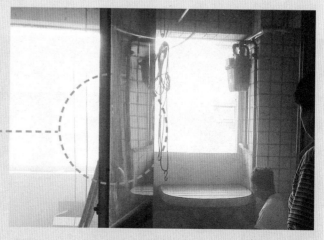

Tips: 有开口（如门、窗）的砖墙隔间，要分次切割再拆除，避免太大块不好搬运以及塌下砸伤人的危险。

01 施工保护工程

02 拆除工程

03 泥工工程

04 铝窗工程

05 水电工程

06 空调工程

07 木作工程

08 组合柜工程

09 油漆工程

10 木地板工程

11 玻璃工程

附录

步骤 2

推倒墙壁、清理

用打石机拆除后，推倒墙壁、清理。

步骤 3

完成！

验收 检查未拆除的砖墙是否有倒塌的危险。

拆除隔间 ｜ 木隔间 & 轻隔间

事关房屋结构，没搞懂先别乱拆

别担心！ 做对施工，一步步来 **OK**

 步骤 1 **破坏墙表面的封板板材**

 步骤 2 **板材拆除**

破坏交接处，再将整块板材拆下。

步骤 3 **拆除、清理**

拆完需将现场清理干净。

完成 **隔间拆除，完成！**

验收 木隔间拆除时，可检查房子是否有白蚁或蛀虫。

01 施工保护工程

02 拆除工程

03 泥工工程

04 铝窗工程

05 水电工程

06 空调工程

07 木作工程

08 组合柜工程

09 油漆工程

10 木地板工程

11 玻璃工程

附录

Q 砖墙或轻隔间内有门窗，要怎么拆除呢？

A：门可以直接卸下，但窗户不需要先拆下，可以等要装新窗时再一起进行，如此一来可以避免没有窗户时雨水灌入或被窃盗。

Q 如果窗户已经拆下了，怎么做可防止雨水灌入？

A：目前常见使用帆布遮窗防雨的做法，多少都会有缝隙，很难做到完全密合、防水。若能从外面将窗户的洞口封板，是防止风雨侵入的最佳方法。如果不幸发生雨水灌入的状况，第一步要先找设计师或厂商，将水吸除排出，以免造成地板、木作的损坏。

01 施工保护工程

02 拆除工程

03 泥工工程

04 铝窗工程

05 水电工程

06 空调工程

07 木作工程

08 组合柜工程

09 油漆工程

10 木地板工程

11 玻璃工程

附录

状况 1 不想先将隔断墙上的窗户拆除，后续的步骤要如何进行？

| 解决方案 |

窗户可以等做铝窗的工人自行拆除、安装，虽会增加一些费用，但在工程安全和能避免风雨灌入的考虑下，花一点钱还是值得的。再者，更换窗户时若连同窗框一起拆，泥工也要同时在现场准备为新装的铝窗作填缝，这时工程管理的衔接调度就变得很重要了！

案例 1 玻璃材质取代木作隔间

原房状况： 原格局隔间未考虑采光，光线无法穿透

业主需求： 增设一间书房，但不希望有压迫感，希望增加采光

重新设计： 由于书房位于房子的中间，并无对外窗可引进阳光，因此将原有隔间拆除后，改用穿透性好的玻璃取代。一来可导入光线至书房，二来不阻挡餐厅的采光，大大提升了空间的明亮度。

案例 2 隔断墙旧材质影响新质感

原房状况： 浴室隔断墙上的瓷砖已老旧

业主需求： 格局不变，但要换上新瓷砖

重新设计： 原来的浴室空间大小已经符合使用需求，无须再拆除隔间、进行大幅变更，但壁面的瓷砖已经老旧、剥落，因此必须敲除干净后再铺设新瓷砖。如果旧瓷砖没有彻底清除就贴上新瓷砖，会影响其质感。

案例 3 隔断墙不全拆也有用

原房状况：客厅沙发后为一大面隔断墙

业主需求：希望隔断墙也能兼具实用功能

重新设计：在不打掉隔断墙的条件下，要如何赋予功能性？只要在原有隔间上开洞，就能满足需求了！精准测量好尺寸后，将隔断墙的一部分规划成开放式展示柜，既有收纳功能也可美化空间。

案例 4 舍弃砖造隔间，让厨房变明亮

原房状况：厨房为传统的密闭式空间

业主需求：要能阻隔油烟，又明亮透光

重新设计：独立的砖造厨房空间能防止油烟乱窜，但却遮挡了采光，也少了对外的互动性。可将砖造隔间拆除，以透光的玻璃做为隔间拉门，既可避免油烟进入室内，也不妨碍光线穿透，使餐厨空间变得更有现代感。

01 施工保护工程
02 拆除工程
03 泥工工程
04 铝窗工程
05 水电工程
06 空调工程
07 木作工程
08 组合柜工程
09 油漆工程
10 木地板工程
11 玻璃工程
附录

4. 拆除地板│砖类

拆到一半被水淹，记得拆前一定先断水

别担心！ 做对施工，一步步来 OK

步骤
1 以机械敲碎地砖

监工 房内地板如果需要保留，
保护措施的要求便更高。
应以防潮布、白板、夹板包覆好，
以防止重物堆压或颜色渗透。

步骤 2 **将残留水泥清除干净**

监工 地砖拆除完后，要再检查、确定残留的水泥已清除干净。

完成 **地板拆除，完成！**

验收 确认有没有破坏现场的管线。

拆除地板 | 木地板

拆到一半被水淹，记得拆前一定先断水

 步骤 1 **将表层木地板掀起**

Tips: 拆除前先判断木地板下是否可能有电管、水管经过，若有则拆除时更要小心。

01 施工保护工程

02 拆除工程

03 泥工工程

04 铝窗工程

05 水电工程

06 空调工程

07 木作工程

08 组合柜工程

09 油漆工程

10 木地板工程

11 玻璃工程

附录

步骤 2 清除下方架高的部分

Tips: 木地板拆除完后，要特别留意钉子是否清除干净。

完成 地板拆除，完成！

验收 拆除完成后，可用铁锤敲敲看，有没有出现空心的怪声，以确认木地板下的瓷砖或打底层是否需要拆除。也可请泥工工人进场施工时顺便协助检查。

注意 QA 解惑不犯错

Q 地砖的残留水泥没有清除干净，会造成什么问题?

A：为了避免底层附着力差，影响新铺设的地板，残留的水泥一定要清除干净，以免地板铺好后发生膨、翘的现象。那时需要换新的重做，又要花上一大笔钱。

Q 木地板拆除时，钉子没有清理干净，会有何影响?

A：尖锐的钉子若是没有清理干净，会导致之后打底的泥层裂开或导致施工人员受伤。所以在拆除后必须检查、确认，再继续施工，避免未来产生不必要的麻烦。

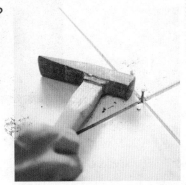

Q 工人在拆除地板时，不小心打破了水管怎么办?

A：在工程进行前，应该事先关水、放尽管内余水。若地板拆除进行时真的不慎敲破水管，除了马上关水，同时也要打开其他水龙头放水，避免所有的水都从同一处溢出。然后找水电工人来修复，确定没有渗漏再继续施工。

被骗了　看清真相，小心被骗

01 施工保护工程

02 拆除工程

03 泥工工程

04 铝窗工程

05 水电工程

06 空调工程

07 木作工程

08 组合柜工程

09 油漆工程

10 木地板工程

11 玻璃工程

附录

状况1　可以在原有的地板或瓷砖上直接铺新地板吗？

| 解决方案 |

这种做法的好处是能节省预算，且保留的瓷砖可以抗潮，使铺设的地板更不易受潮变形。但要注意几个问题：一、原有地砖是否黏着不良；二、原有地砖如果无法负荷，会产生裂缝，严重的会造成渗漏水的问题。

状况2　家里的旧地板有些还能用，我想要省点装修预算，可以只拆除局部吗？

| 解决方案 |

只拆除局部地板是可行的做法，但若格局有变动，要注意续留地板的切割和修补，必须符合空间规划。在衔接面上，木地板可能会因每批的材质不同而产生高低落差，造成地面不平。地砖则要注意新旧材料的色差，以免影响美观。

案例 1 地面拆除时打底层要清干净

原房状况：老房翻新，地砖也要换新

业主需求：要拆除地面旧瓷砖，再贴新瓷砖

重新设计：翻新老房时，通常也会连同地面一起翻新，在拆除地板时一定要注意连同打底层一并彻底清除干净，之后新的瓷砖才会贴好，使地面更为平整。

案例 2 原有瓷砖底不一定要拆除

原房状况：卧室原有地面为瓷砖

业主需求：想改变房间的地面材质，但不想拆除瓷砖

重新设计：瓷砖的材质冰冷，用在卧室较为不适合。想重新铺木地板又不想大兴土木，最好的方法就是直接在上面铺木地板。这样既可以省去拆除的步骤，又为空间营造温馨的暖意，一举两得。

01 施工保护工程
02 拆除工程
03 泥工工程
04 铝窗工程
05 水电工程
06 空调工程
07 木作工程
08 组合柜工程
09 油漆工程
10 木地板工程
11 玻璃工程
附录

案例3 木地板旧底板也要一并拆除

原房状况：房子重新装修，木地板也要更换

业主需求：希望新铺的木地板踩踏时无声响

重新设计：木地板踩踏时会发出声响，可能是因为底板与面板不密合，所以在拆除旧的木地板时，一定要将原有底板一起拆除，再铺设新的木地板，日后才不会发出声响，千万不要为了省钱而不拆底板。

案例4 原有地面配合新设计必须精准

原房状况：房屋重新装修，但要保留部分建材

业主需求：玄关地面材料要与其他空间有所区隔

重新设计：利用不同材料界定空间是一般常见的设计手法，但形状、尺寸必须要精准，才可符合新设计的规划。以玄关为例，地面为了配合圆弧形的设计，不但要准确计算，也要与其他室内地面接合，才能达到区隔内外空间的目的，所以在原有地面拆除时，即应该注意到日后铺设不同建材，会有不同厚度的需求。

Chapter 03

泥工打底没做好，
后面麻烦跟着来
泥工工程

泥工工程的范围非常广，只要是涉及到水泥和砂的工程，都属于泥工工程的范畴，从大规模的砌砖墙、打底、水泥粉光、贴瓷砖，到小规模的局部修补等，样样都跟泥工脱离不了关系。

其中，涉及水泥和砂的防水，也属于泥工工程的步骤之一，因为防水必须与泥工配合，壁面和地面都要整平，壁面经过初胚打底后，才能上防水漆，地面则在拆除水电配管、泥工泄水坡度做好打底之后，才能上防水漆。

空间因为有了泥工工程，而变得不一样，原本犹如素颜的房子，经过泥工的"化妆术"，从涂上打底层开始，填补表面的坑洞、不平整，到粉光进行更为细致的瑕疵修饰，泥工工程就像房子的彩妆师，为空间打好基底之后，让之后的油漆工程、贴瓷砖工程、装修设计等，能顺利地进行，呈现良好的效果与质感，正因为泥工在装修流程中占了如此重要的地位，所以施工品质更需要被要求，必须建立好基础，后续工程才能按部就班完成。

>> **泥工工程流程图**

砌砖墙 p.046 >> **打底** p.054 >> **防水** p.060 >> **粉光** p.066

>> **贴瓷砖** p.070

01 施工保护工程
02 拆除工程
03 泥工工程
04 铝窗工程
05 水电工程
06 空调工程
07 木作工程
08 组合柜工程
09 油漆工程
10 木地板工程
11 玻璃工程
附录

要点 1 泥工工程，必须知道的事！

1 泥工砌砖墙时，应分两次隔日进行，等砖墙缝之间的水泥干了之后再继续砌，以免砖墙变形产生危险。

2 打底完后，可视后续工程决定是否要粉光，例如：刷水泥漆或贴壁纸最好粉光，完成后才会好看。

要点 2 速查！名词解释

灰饼： 灰饼是泥工粉刷或浇筑地坪时用来控制建筑标高及墙面的平整度、垂直度的水泥块。

尺子： 测量水平垂直的工具。

筛砂： 粉光时因为需要使用更细致的砂，会将砂以筛网过滤，打底时则不需要筛砂。

镘刀： 泥工所使用的工具种类会依工序而不同，每种镘刀皆有其功能，其中粉光所用的是最细的镘刀。

要点 3 泥工工程的核查工作！

砌砖墙	地面清理干净，找出要砌砖的位置弹出墨线，并确认线条是否垂直。	☐
	砖块于砌墙前一日以清水浇置，增加与水泥砂浆的附着力。	☐
	砖墙应先砌一半，待水泥砂浆干涸后再继续，通常分两次完成。	☐
	砖块与砖块间的缝隙距离约 1 ~ 1.5 厘米，砖缝应交错，不可位于同一位置。	☐
打底	砖墙墙面会用四方形的"灰饼"设定水平线，转角则使用塑料转角条。	☐
	涂刷在墙面上的水泥砂浆，厚度约为 1 厘米左右。	☐
	墙面上涂刷的水泥砂浆，其尺寸、厚度、平直度要符合设定的标准。	☐
防水	实施防水工程先从壁面开始，刷上第一层防水漆。	☐
	防水漆一定要是油性防水漆，且地、壁使用相同的款，衔接上便没问题。	☐
	进行地面防水前，要先将地面的沙粒、碎石清理干净，防水涂料才能完全渗入。	☐
粉光	粉光前要先将使用的砂子过筛，粉光后的墙面才会平整。	☐
	在打底层上再铺上一层约 2 ~ 5 毫米、更细腻的薄水泥，并要达到平整、光滑。	☐
	可使用灯侧光照射粉光后的墙面，确定是否平整无波浪。	☐
贴瓷砖	壁面贴瓷砖一般以硬底施工法（参见 p73）为主，地面贴瓷砖视瓷砖大小决定。	☐
	需要设计特殊花样或贴大块瓷砖时，应事先做好瓷砖规划。	☐
	必须将现场清理干净再进行，以免碎石、杂质影响施工质量。	☐

1. 砌砖墙

给足时间慢慢来，墙面才会直挺又坚固

别担心！ 做对施工，一步步来 OK

 步骤 1 放样

先将地面清理干净，再找出要砌砖的位置弹出墨线，并运用激光水平仪辅助确认线条是否垂直，砌出来的墙才不会歪斜（注：激光水平仪：带有激光导向装置的测定地面水准点高差的仪器）。

 步骤 2 浇水

砖块于砌墙前一日需以清水浇置，以增加与水泥砂浆的附着；砌砖墙时可口头询问水泥砂浆的比例，若水泥与砂的比例不当，墙的结构不稳容易松散，易导致日后产生龟裂，甚至严重到遇到地震时，有倒塌危险。

 步骤 3 **吊线**

在墙的头尾两侧利用铅垂或激光水平仪以钢钉固定垂直向尼龙线做为水平向尼龙线移动的基准,水平向尼龙线必须以活结固定,以便移动。

Tips: 砌砖用的水泥砂浆比例通常为1:3(水泥:砂)。

监工 砖墙应先砌一半待水泥砂浆干涸后再继续,通常分两次完成。

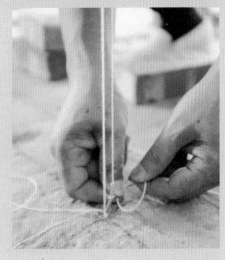

01 施工保护工程
02 拆除工程
03 泥工工程
04 铝窗工程
05 水电工程
06 空调工程
07 木作工程
08 组合柜工程
09 油漆工程
10 木地板工程
11 玻璃工程
附录

（步骤 4）**砌砖（打栓）**

就绪开始砌砖后，依现场状况及条件，在新砌砖块与旧有墙壁间的适当位置植入钢筋固定（称为壁栓），以免日后因地震或结构不稳而产生龟裂。

监工　砖块与砖块间的缝隙距离约1～1.5厘米，并以水泥砂浆填充。

Tips: 砌砖墙时的砖块应以交丁方式堆叠（注：交丁方式是砖块的堆叠方式，包括"三顺一丁""一顺一丁"和"梅花丁"三种形式）。

（完成）**砌砖墙，完成！**

验收1　砖块与砖块之间是否排列整齐，砖缝不可位于同一位置。

验收2　新砌墙与旧墙壁交接处有没有在适当位置上做壁栓。

注意　QA 解惑不犯错

01 施工保护工程
02 拆除工程
03 泥工工程
04 铝窗工程
05 水电工程
06 空调工程
07 木作工程
08 组合柜工程
09 油漆工程
10 木地板工程
11 玻璃工程
附录

Q 我要在墙壁中间做门，应该注意什么？

A：首先要先量好门框位置及尺寸，并在门框上方处放置过梁，过梁的长度要比门框尺寸略长，才能支撑向上堆叠的砖块重量。

Q 如果我家挑高超过 4 米，砖墙要分几次完成？

A：一般住房正常高度不会超过 3 ~ 4 米，砖墙分为两次完成是没有问题的，若超过 4 米则建议砖墙不宜过宽，或可考虑在过宽的砖墙中间，增加 H 型钢结构补强，或建议以弹性隔间方式取代砖墙较为安全。

Q 壁栓一定要做吗？旧有墙壁也需要做吗？

A：壁栓的功能在于加强砖墙的稳固性，只要是新砌墙和旧有隔断墙连结，都必须要做，如果少了这道手续，砖墙会出现裂缝，日后一旦有任何状况，也容易产生倒塌危险。

被骗了 看清真相，小心被骗

状况1 我家埋入管线的墙壁变形了，怎么会这样？

| 解决方案 |

砖砌完成后，必须等待约 2～3 天，确定水泥砂浆完全干燥才可开凿管线，在进行时应顺着管槽方向斜打而非正面直打，以避免日后墙壁变形、倾倒。

状况2 我家厕所不臭，但却会传来隔壁的烟味或臭气，是墙壁有漏洞吗？

| 解决方案 |

这种状况产生的主因大多在于管道间的洞隙没有加以填补，若洞口过大时，也需要借由砖墙填补缝隙，彻底阻隔秽气，就能解决问题了。

做对了　正确的案例分享

01 施工保护工程
02 拆除工程
03 泥工工程
04 铝窗工程
05 水电工程
06 空调工程
07 木作工程
08 组合柜工程
09 油漆工程
10 木地板工程
11 玻璃工程
附录

案例 1 砌高墙时要确认做好结构补强

原房状况：挑高空间，墙面高度超高
业主需求：公共空间挑高延伸感

重新设计：挑高空间予人宽广大器的气派质感，由地面向上延伸至顶的整面墙壁，有助于空间线条的延伸，产生视觉放大的效果，在砌这么高的砖墙时，一定要做好结构补强，且不可一天砌完，应分批完成，安装表面建材时则要预留适当间隙，以免缝隙过大或膨胀，导致挤压变形或纹路走位。

案例 2 大理石和砖墙配合采用 " 半湿 " 施工法

（注：半湿式施工法：砂作为备料施工前需浇水淋湿，使砂充分饱和水分，混凝土面也需充份浇水淋湿；铺底工作进行时将水泥及砂以 1 ：4 拌合均匀，再进行水泥砂打底整平工作；正式铺贴石英砖前，于施作范围内先需拉十字水线取直角，于水泥砂底面铺上黏着剂）。

原房状况：以砖墙为隔间的新建房
业主需求：墙面要采用大理石展现质感

重新设计：墙面所使用的建材会影响空间质感，若想要展现大器品味，大理石材质是最佳选择，而在施工程序上，石材与瓷砖的施工方法有不同，大理石采用的是半湿施工法，且必须事先在石材上涂上防潮涂料，避免石材吐色（参见 p86 ）。

案例 3 特殊设计需在砌砖墙时留意

原房状况：毛胚房，需重新砌砖墙区隔空间
业主需求：墙面要有个人特色的设计
重新设计：壁面的设计反映了居家风格与个人喜好，设计师也会利用壁材特性加大空间感，如果想在墙面上使用特殊材质或设计，在砌砖墙时就要找好尺寸，才能省工、省料，完成理想中的居家设计。

案例 4 除了砖墙隔间也有其他选择

原房状况：没有任何隔间的毛胚房
业主需求：需要隔间但不能遮住光线

重新设计：讲到隔间，最先浮出脑海的通常是砖墙，但是隔间并不是只有砖墙一种，玻璃也是可以做为隔间的材质之一，透光的玻璃能引入光线，且价格较便宜，能降低装修成本，是砖造隔间外的另一种选择。

2. 打底

水泥厚薄拿捏很重要，不然墙面永远摆不平

别担心! 做对施工，一步步来

步骤 1 **设定平准的基础线**

在砌好的砖墙墙面及转角处，设定好平准的基础线。

监工 砖墙墙面会用四方形的"灰饼"设定水平线，转角则使用塑胶转角条，在里面拉线固定垂直，达到打底的平准度。

步骤 2 **水泥砂浆与墙面更紧密**

在施工区域洒水湿润，让水泥砂浆与墙面更易于紧密附着在一起。

Tips: 涂刷在墙面上的水泥砂浆，厚度约为1厘米左右。

步骤 3 水泥砂浆尺寸、厚度、平直符合设定基础

在墙面上涂刷一层水泥砂浆，直到尺寸、厚度、平直都符合所设定的基础。

Tips: 砖墙砌好后要待干 1～2 天再设定基准线，再过 1～2 天后再进行打底。

监工 泥工打底时要注意是否平整，越平整，接下来的步骤也会越轻松。

步骤 4 粗底（粗胚）

待水泥墙面风干呈现粗糙面，也就是粗胚或粗底。

完成 打底，完成！

验收 确认是否有局部涂刷太厚或太薄情形，墙面若不平整，会让贴砖无法铺平。

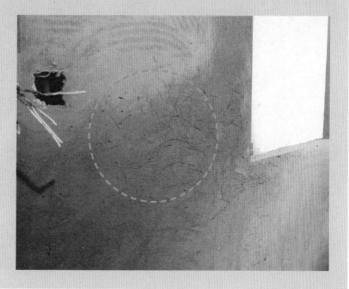

01 施工保护工程
02 拆除工程
03 泥工工程
04 铝窗工程
05 水电工程
06 空调工程
07 木作工程
08 组合柜工程
09 油漆工程
10 木地板工程
11 玻璃工程
附录

Q 除了墙面需要打底，地面也要打底吗？

A： 是的，墙面和地面都需要进行打底的步骤，通常墙面打底完成后，将落下的水泥及地面污染物清理干净后，再进行地面打底，依照"先壁后地"的施工顺序，但两者可以安排在同一天进行。

Q 墙面打底前，如果没有做好基础线，会有何后果？

A： 打底前一定要先用墨斗和转角条设定基础线，少了这一步，做出来的打底层变得水平、垂直不均，会使墙面不平整，还会造成跟门板之间的缝隙大小不同，看起来不美观，也会影响粉光步骤的品质。

Q 要如何检查基础线是否平准？

A： 检查基准线是否平准，会使用长长的"尺子"确认，借由"尺子"抹过墙面的动作，不平的地方或坑洞被补上，多余或太厚的部分则会被刮除，让打底达到完全平整。

01 施工保护工程
02 拆除工程
03 泥工工程
04 铝窗工程
05 水电工程
06 空调工程
07 木作工程
08 组合柜工程
09 油漆工程
10 木地板工程
11 玻璃工程
附录

被骗了 | 看清真相，小心被骗 ✕

状况 1 我家的墙壁打算要用封板做设计，所以打底完之后，是不是就可以直接封板了呢？

| 解决方案 |

有人认为封板后的墙面又看不到，何必再多做一次粉光，不如打底完之后直接封板，还能省下一笔费用，但多做一道粉光其实不只是为了美观，还等于让墙面增加一道强度，且日后如果要拆掉封板，露出来的墙面不会见不得人，也不用再重新处理。

状况 2 我家的浴室垫高处，不知道为什么会漏水，是不是泥工没做好造成的？

| 解决方案 |

因为设计需要，像是浴室移位必须改管时，会运用灌浆垫高的手法达到设计目的，灌浆时若遇到不肖业者，使用拆除废料回填，因为内有废弃物及碎屑颗粒等，导致无法紧密压实、产生空隙，以致于造成日后渗漏水的状况。

案例 1 打底好坏影响面材品质

原房状况： 毛胚新建房装修，地面需从打底做起

业主需求： 对地、壁面平整度及施工细节要求高

重新设计： 天、地、壁是组成空间的三大要素，地面及壁面的泥工打底工作如果没做好，不但会影响地面及壁面装修完工品质，连带也会影响其他相关工程，甚至天花板的品质，因此地面及壁面的泥工打底工作一定要做好，才能确保工程品质良好。

案例 2 浴室瓷砖美丑与打底有关

原房状况： 浴室需要重新翻修

业主需求： 选择瓷砖做为壁材

重新设计： 瓷砖的美观与否，在于它的垂直、水平及缝隙间距有没有一致，主要原因虽然与工人的贴工好坏有关，但墙面本身的垂直度也非常重要，若在打底之时即不够平整，瓷砖贴工再好也难掩瑕疵。

案例3 打底品质攸关封板平整度

原房状况： 隔间需要变更、重新进行泥工

业主需求： 对壁面平整度特别要求

重新设计： 壁面可说是空间的支撑，如果垂直、水平不够严谨，整个空间看起来就会显得歪斜、不方正，而泥工工程中的打底步骤，即是最基础的防线，打底必须做好、做平整，后续无论是油漆或壁面封板等工程，才能轻松进行。

案例4 打底需求依材料而不同

原房状况： 打算使用多种地材的新建房

业主需求： 希望利用不同材质交互搭配运用

重新设计： 现在的居家空间有限，常会运用地面材质的差异，制造区域的分野，达到不砌墙也能分隔空间的目的，但地材的不同会影响打底做法，像是木地板和石材、瓷砖的打底需求就有所不同，应特别留意。

3. 防水

防水至少涂 2 层，否则别想住得舒适又干爽

别担心！ 做对施工，一步步来 OK

 步骤 **壁面防水**
1

先从壁面开始施工防水，刷上第一层防水漆。

Tips: 防水漆一定要为油性防水漆，壁面及地面使用的防水漆相同，这样防水材质在衔接上才没有太大问题。

监工 浴室、阳台等跟水有关的区域，最好都要做防水，以免造成渗漏问题。

 步骤 **刷防水漆**
2

接着再刷 1 ~ 2 层防水漆。

监工 管线的接头处要使用不同刷具，特别加强处理。

步骤 3 | 地面防水

壁面防水完成后，进行地面防水工程。

Tips: 地面防水完成后，因为必须承受施工人员的踩踏，因此防水涂好之后，泥工通常会再刷一层"灰土"，保护已完成的防水层。

步骤 4 | 再刷防水漆

刷上第一层防水漆后，再刷 1 ~ 2 层防水漆。

监工 涂刷防水漆前，要先将地面的沙粒、碎石清理干净，防水涂料才能完全渗入坑洞，达到填补、防水之效。

完成 | 地、壁防水，完成！

验收 1 水管出管处及门窗衔接之细微处是否确认无疏漏。

验收 2 确定防水施工层数足以达到防水效果。

验收 3 壁面防水施工高度是否满足使用需求。

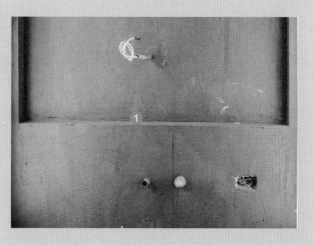

01 施工保护工程
02 拆除工程
03 泥工工程
04 铝窗工程
05 水电工程
06 空调工程
07 木作工程
08 组合柜工程
09 油漆工程
10 木地板工程
11 玻璃工程
附录

Q 防水漆的选择有很多种吗？要如何选择？

A：防水涂料种类繁多，有透明的也有有颜色的，有耐磨型的也有渗透型的，价格自然也有高低之分，要视使用需求选择，但一定要记得选择有认证、测试报告及保证书的可靠厂商，才不会影响日后使用品质。

Q 施工中有哪些时候也需要做防水保护措施？为什么？

A：（一）工地进砂时：泥工会使用到大量的砂，砂本身是湿的，现在都会用袋装方式运至现场，倒出来使用前要先在地上铺好帆布（记得检查一下帆布有没有大的破洞），阻隔湿气向下渗透，避免造成楼下住户天花板油漆剥落或产生水渍痕迹。

（二）砖块及砖墙浇置时：砌砖墙和打底时，需要浇湿砖块及墙面，浇置砖块时必须在砖块下铺上白板或帆布等防水材料，防止水渗流，砖墙浇置时则要控制水量，并随时准备用海绵吸干、擦拭溢出、多余的水，防止渗漏。

（三）全室木地板整平时：木地板若使用角料架高方式铺设，因木地板和楼板中间有空隙，行走时会产生声响，因此可采用直接铺于地面的方式，此时地面必须平整，要整平地面就必须打底，要打底就会用到大量的水，所以为了预防渗漏，建议可以加做防水。

Q 浴室是室内空间一定要做防水的区域，施工步骤为何？

A：首先在浴室泥工地面打底施工时制作好泄水坡度，并在浴室出入口做好挡水的小土墙；壁面及地面再依序涂上 2～3 次防水漆即完成。

被骗了 看清真相，小心被骗 ✕

01 施工保护工程
02 拆除工程
03 泥工工程
04 铝窗工程
05 水电工程
06 空调工程
07 木作工程
08 组合柜工程
09 油漆工程
10 木地板工程
11 玻璃工程
附录

状况2 **我喜欢种花，为了种花需要有花台，但要怎么处理防水的部分呢？**

| 解决方案 |

花台直接和室内连结，若防水处理不慎，势必会影响到居家空间，由于覆土需要浇水，容易产生渗漏水的问题，因此建议不要使用覆土，做好防水之后以花盆或花架垫高取代，若本来就有覆土，则要先将覆土清理干净，再进行防水工程，这样一来就能大幅降低漏水，也达到绿化目的。

清除覆土　　　　　　　第一层防水　　　　　　　第二层防水

状况1 **我家的阳台和浴室要重新装修，防水可以只做表面和局部吗？**

| 解决方案 |

阳台是暴雨来袭时，雨水最先灌入的区域，因此不管是原本就有漏水问题或要重铺，为了避免渗漏，一定要做好防水，有些人会将防水涂在瓷砖表面，虽然方便也有作用，但随着人们走动摩擦以及气候因素，很容易就会失去防水功效，因此建议还是应先做防水再贴瓷砖。

浴室防水若是做不好，日后会带来很多问题，因此并不建议局部修补，例如：常见的浴室局部装修工程，只填补拆掉的旧浴缸区块，会容易发生防水线交接处不密合的状况，反而以后会需要花更多钱来修缮。

案例 1 非用水区域也要做防水

原房状况：有漏水状况的老房子
业主需求：希望能彻底解决漏水的问题

重新设计：一般最常想到要施工防水工程的空间，就属厨房、浴室、阳台这类会使用到水的区域，但要做到滴水不漏，在用水机率低的公共空间、房间等处，也要做好基础防水，才能真正防止漏水发生。

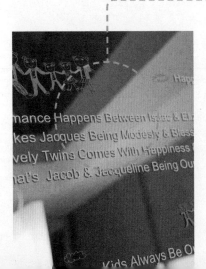

案例 2 防水工程会影响镜子使用及美观

原房状况：小面积要借由镜面反射加大空间
业主需求：壁面材质要使用镜子加以变化
重新设计：镜面具有加大空间、整容的功能，是运用范围越来越广泛的材质之一，在实际使用上，镜子和防水工程也息息相关，假设防水做的不够严密，一段时间后，镜子会因为墙面渗入的湿气，出现斑驳、氧化的状况，影响美观及使用便利。

案例 3 浴室防水影响自身与邻居

原房状况：尚未施工防水的新建房

业主需求：希望摆脱一般住户房子漏水的困扰

重新设计：浴室是居家空间中用水量最大的区域，防水工程绝对要仔细谨慎，因为不仅仅攸关自己的生活品质，也连带影响楼下的居住环境与品质，若是一开始没有做好，日后漏水所带来的困扰，会让人很头疼。

案例 4 窗户也是漏水的肇因之一

原房状况：房龄高、窗户年久未修的老房子

业主需求：要彻底防范漏水的可能性

重新设计：除了浴室、厨房等用水量大的区域需要加强防水之外，下雨天从户外渗水进来的窗户也是漏水途径，因此在翻新或丈量时即可先行处理，趁着施工时检查、修缮，彻底杜绝漏水。

01 施工保护工程
02 拆除工程
03 泥工工程
04 铝窗工程
05 水电工程
06 空调工程
07 木作工程
08 组合柜工程
09 油漆工程
10 木地板工程
11 玻璃工程
附录

4. 粉光
想要漆得好看、壁纸贴得平整，打底基本功先做好

别担心！ 做对施工，一步步来 OK

 步骤
1 **过筛**

将砂过筛，以细砂、水、水泥调配成水泥砂浆。

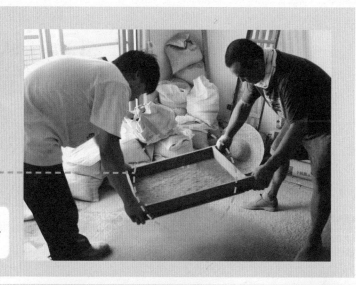

Tips: 粉光时先将砂子过筛，过滤掉较大的砂和杂质，粉光后的墙面才会平整。

步骤
2 **厚度基准**

设定好厚度基准。

步骤 3 — 水泥砂浆均匀地涂抹

用镘刀将调配好的水泥砂浆均匀地涂抹在打底完成后的墙面上，直到设定处。

> **Tips:** 在打底层上再上一层约 2～5 毫米、更细腻的薄水泥，并要达到平整、光滑。

步骤 4 — 整平细胚面

整平细胚面，待墙面风干。

完成 — 粉光，完成！

验收 2 要确定粉光后的墙面平滑、无波纹，可用灯侧光照射是否平整无波浪。

01 施工保护工程
02 拆除工程
03 泥工工程
04 铝窗工程
05 水电工程
06 空调工程
07 木作工程
08 组合柜工程
09 油漆工程
10 木地板工程
11 玻璃工程
附录

注意 QA 解惑不犯错

Q 从打底到粉光，中间还要经过其他工序吗？

A：打底到粉光的过程就像女孩子化妆一样，从最初的墙壁素颜，先涂上一层灰土，再抹上粉光水泥砂，最后以粉光专用抹刀粉平，这样才算完成一道平滑的墙。

Q 粉光的水泥砂浆，细砂、水、水泥各自的比例是多少？

A：因为粉光所使用的砂要比打底时更细致，所以要先将砂子过筛、过滤杂质，再将过筛后的细砂、水、水泥，以 3：1：1 的比例调配，经过均匀搅拌后就可以使用了。

Q 墙面需要粉光，地面也需要吗？

A：墙面和地面都需要粉光，但一般住户地面都以贴瓷砖、铺设木地板居多，因此较少用到地面粉光，除非地面使用 epoxy、盘多磨或 PVC 地砖，才需要进行地面粉光。

注：epoxy（环氧树脂），又称作人工树脂、人造树脂等，是一类重要的固热性塑料，广泛用于粘合剂、涂料等用途。

盘多磨，一种建筑材料，表面有天然气空余纹路，特别的手工质感以及全新的系统，符合现代建筑要求。

被骗了 **看清真相，小心被骗**

01 施工保护工程

02 拆除工程

03 泥工工程

04 铝窗工程

05 水电工程

06 空调工程

07 木作工程

08 组合柜工程

09 油漆工程

10 木地板工程

11 玻璃工程

附录

状况 1　我家有好多面墙，每一面都需要粉光吗？

| 解决方案 |

如果家中的墙壁打算要涂油漆、贴壁纸，粉光会是墙壁泥工的最后一道，也是一定要做的手续。因为油漆和壁纸都需要在平整的壁面上施工，假使没有经过粉光的程序，涂上油漆或贴上壁纸会产生凹凸不平、呈现波浪状等不美观的结果，所以在决定墙壁是否要粉光前，可先确认表面使用材质，针对需要的墙面粉光即可。

状况 2　粉光完成后我才发现做的不够平整，有什么补救方法吗？

| 解决方案 |

要涂油漆或贴壁纸时才发现墙面不平，可以采用木板做为补救工具。首先先铺上防潮布，再加上 4 分板取代不平整的壁面，最后再上漆或贴壁纸，这样一来不但平整度够，还能达到防潮效果，让油漆和壁纸不易受潮剥落、翘起。

5. 贴瓷砖

挑了瓷砖，别忘了更要做对工

别担心！ 做对施工，一步步来 OK

步骤 1 决定施工法

视铺设地面或墙壁及砖材大小，决定采用硬底或软底施工法。

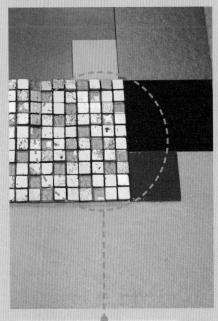

Tips: 壁面贴瓷砖一般以硬底施工法为主，地面则视瓷砖大小决定。

监工 瓷砖大小 20×20 以上通常使用软底施工法，20×20 以下使用硬底施工法。

步骤 2 设定基准线

设定好水平基准线，以墨线弹出水准线。

Tips: 可使用激光水平仪定位会更为准确。

监工 若需要设计特殊花样或贴大块瓷砖时，应事先做好瓷砖规划，以免形状跑掉或越贴越歪。

01 施工保护工程
02 拆除工程
03 泥工工程
04 铝窗工程
05 水电工程
06 空调工程
07 木作工程
08 组合柜工程
09 油漆工程
10 木地板工程
11 玻璃工程
附录

步骤 3 　铺设地砖或壁砖

开始铺设地砖或壁砖，调整每块瓷砖的水平垂直，并以槌子轻敲，使之吃浆让黏着性更佳。现场应先清理干净再进行，以免碎石、杂质影响施工品质。

> **监工** 为了维持瓷砖的缝隙大小相同，工人会用专用定位塑胶片。

> **监工** 以软底施工法铺设地砖前，可检查水的状态，修正平整度。

步骤 4 　瓷砖清洗、擦拭

瓷砖贴好后等待 2～3 天，让瓷砖完全固定后再用海绵镘刀填缝，并以海绵沾清水将瓷砖填缝清洗、擦拭干净。

> **监工** 清水要勤于更换，避免完工后出现水泥痕迹，干涸后难以擦拭。

完成 　贴瓷砖，完成！

> **验收** 在等待瓷砖干燥的期间，要注意并控制人员进出，入内最好要脱鞋避免灰尘掉入填缝中，真需要踩踏时也只能踩瓷砖中间以免移位。

Q 铺设瓷砖时，是否需要考虑地面和大门之间的高度？

A：是的，贴瓷砖时的水平线若没有找好，会延伸影响到地面与大门之间的高度，两者之间的适当距离约为 1 ~ 1.5 厘米，过高会使灰尘容易吹进室内，过低则会导致门卡住打不开，或磨到地面造成受损。

Q 贴瓷砖时，砖材的大小会产生哪些影响？

A：砖材大小会影响瓷砖工程的施工时间，通常分为两天完成，尤其壁面若贴大块砖时，更应分批进行，不要一次全部贴完，因为大块砖是由下往上堆叠着贴，如果一次贴到底，下方支撑力会过重，易导致移位，所以最下排的瓷砖还会放置支撑脚加以辅助；比较小的瓷砖，如：马赛克，则要边贴边注意垂直水平线是否为直，以免贴到最后才发现整面墙是歪的；此外，瓷砖尺寸也会影响计费方式，一般瓷砖以"面积"计价，大块瓷砖以"片数"计价，小块瓷砖如：小口砖、马赛克，则按花色计平方，厚度和边角不一样，价也不一样。

注意 QA 解惑不犯错

Q 瓷砖为什么要留缝? 不同瓷砖的留缝范围有所不同吗?

A:瓷砖留缝是因为担心日后因为热胀冷缩导致翘起,先预留缓冲空间,有时候甚至会为此刻意将缝加大,导致缝隙过大、不够美观,其实更好的做法应该是加强防水和贴工,而非事后再以留缝补救。瓷砖的留缝范围没有硬性规定,不同砖材也有不同缝隙间隔,一般瓷砖为 2 毫米 ~ 3 毫米,抛光石英砖则为 2 毫米,但遇到特殊砖材,为了符合风格和美感,则可能范围更大,如复古砖的留缝就为 4 毫米左右。

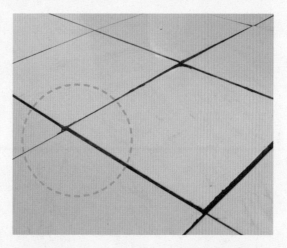

Q 瓷砖转角处,有哪些收边方法?

A:瓷砖转角的收边,可加工磨成 45° 内角,才不会过于锐利伤人,造成碰撞受伤的意外,同时也比较美观,或是也可运用收边条处理。

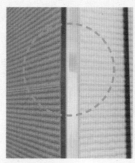 

利用收边条处理　　　　加工磨成 45° 角

Q 软底、硬底有什么不同?

A:硬底:在打底完成后才进行瓷砖的铺设,此法适用于 20×20 厘米以下的瓷砖。因为小块瓷砖本身轻巧易于调整,不需依靠下方底层的柔软度,即可自由移动,但需要多一道打底程序,所以施工时间会较久。

软底:不用打底但为确保地面平整、无凹洞,会以水泥先做一层简单半湿软底,就可进行瓷砖的铺设。此法适用于 20×20 厘米以上的大片瓷砖,因为大片瓷砖移动不易,需要依靠软底滑动来调整位置和泄水坡度,因此常见于浴室使用,且省掉打底步骤故施工速度快。

01 施工保护工程
02 拆除工程
03 泥工工程
04 铝窗工程
05 水电工程
06 空调工程
07 木作工程
08 组合柜工程
09 油漆工程
10 木地板工程
11 玻璃工程
附录

被骗了 看清真相，小心被骗

状况1 我家壁砖贴到最下面，出现只有"半块砖"的状况，看起来很丑，为什么会这样？

| 解决方案 |

在贴壁砖时，会依照瓷砖的大小决定水平线的高度，然后由水平线为起点，往上或往下开始贴瓷砖，往上贴相对不用担心受限，最后可以借由天花板收掉，往下贴时就要考虑靠近地面的砖，不可大于所用瓷砖尺寸。以30×30厘米的瓷砖为例，假设依水平线往下要贴三块砖，水平线的高度就要设定在87～88厘米，也就是说水平线下第一块砖30厘米，第二块砖30厘米，最后一块砖约28厘米，这样就不会出现"半块砖"的窘境了。

状况2 我家的房间和公共空间使用不同地砖，有办法避掉两种瓷砖衔接的界线吗？

| 解决方案 |

利用不同地材划分区域是很常见的设计手法，但却往往忽略了两种材质的交接处也应该要好好修饰，才能在细节处呈现完美。要解决这个问题，可以配合门板位置调整地砖界线，让界线位在门板厚度的中间处，如此一来就看不到两种材料的接缝了。

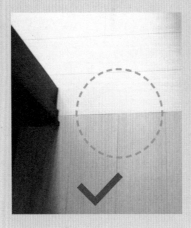

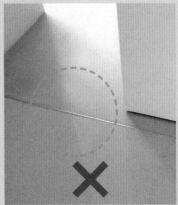

01 施工保护工程

02 拆除工程

03 泥工工程

04 铝窗工程

05 水电工程

06 空调工程

07 木作工程

08 组合柜工程

09 油漆工程

10 木地板工程

11 玻璃工程

附录

被骗了　看清真相，小心被骗 ✕

状况 3 我要如何在瓷砖铺设前，检查瓷砖的品质好坏？如果用了品质不好的瓷砖，会造成哪些后果？

| 解决方案 |

瓷砖送到现场时，可先检查包装是否完整，里面的瓷砖四角是否有做保护措施，瓷砖上有没有防接触的胶点，再来检查瓷砖有没有破裂或缺角，是否平整等；如果送来的瓷砖有包装不全或不足一箱的瓷砖，表示可能是别人用过剩下的退货，易有色差或瑕疵，建议直接不收、退货。使用品质不佳的瓷砖，会造成高低落差、色差、尺寸不一、铺设时对不齐等问题。

这样检查就对了

   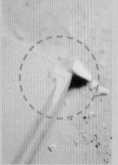

检查包装是否完整。　四角有没有防接触胶点　检查有没有破裂，是否平整。　检查有没有缺角。

小心用到黑心建材

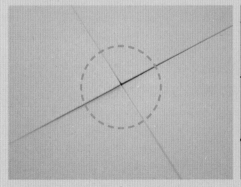 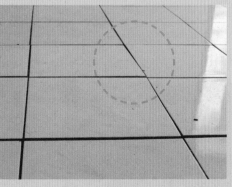

不良瓷砖易造成高低落差。　品质不佳，导致铺设容易对不齐。

●案例 1 填缝手法让瓷砖好清洁

原房状况：欲使用抛光石英砖为地材

业主需求：地砖要好清理、不易被污染

重新设计：抛光石英砖已经成为使用普遍的建材，但砖与砖之间的缝隙，却是造成污垢的来源，清洁打扫也不容易，因此可以填缝的方式防污，解决清理不便的问题，视觉上也更为无缝、美观。

案例 2 贴马赛克砖需要技巧性

原房状况：配置简单、没有特色的长型浴室

业主需求：希望有一面低调但引人注意的主墙

重新设计：设计与配置简单的浴室，需要一面材质具有特色的主墙，做为空间焦点，因此可利用马赛克砖拼贴，营造出卫浴空间的独特性。在贴砖时必须找好每块砖之间的距离，铺设完成时的水平垂直才会精准，以免影响质感与视觉美感。

案例 3 异形尺寸加工要相互配合

原房状况： 玄关与室内空间无明显区隔

业主需求： 希望能一眼看出两空间的分野

重新设计： 借由地面材质的不同区隔空间，是很常运用的设计手法，但当两者形状相异时，契合的精准度备受考验，尤其是在工厂已裁切好的大理石，与在现场裁切的抛光石英砖，配合上更需要高度的技巧和细腻度。

案例 4 材质混搭时要注意厚度

原房状况： 以新古典风格为主的独栋老房

业主需求： 地面要以大理石滚边为设计

重新设计： 依照设计风格的不同，地面的表现手法自然也不一样，为了符合风格特色，瓷砖需要与其他材质混搭，此时必须留意各材质的厚度，是否能互相契合，以免造成地面不平整、建材之间有高低落差的状况。

01 施工保护工程
02 拆除工程
03 泥工工程
04 铝窗工程
05 水电工程
06 空调工程
07 木作工程
08 组合柜工程
09 油漆工程
10 木地板工程
11 玻璃工程
附录

门槛的主要功能是让水回流、不外渗，甚至有阻隔灰尘并界定内外的功能。别以为小小的门槛只是装饰品，只要施工过程一个不小心，监工一个没看仔细，那么随之而来的问题会让你大大地困扰。不过门槛的工法在点交时并不容易看出对错，因此条列出以下注意事项，提醒大家可在事前做好防范，以免事后补救更麻烦。

注意事项

Point1：门槛有止水、挡灰尘、界定内外的功能

门槛的主要功能是让水回流、不外渗，阻隔灰尘并界定内外之分，因此大门和跟水相关的区域，包含厨房、浴室、淋浴间、后阳台等处，最好都要施工；门槛通常可分为现成款和订制款，可视需求决定选择。

Point2：大门门槛要加大宽度

大门是一个家的门面，为了美观和大器，建议宽度可以加大，除此之外，大门处因为是行走的必经之道，加宽尺寸也能避免因人在踩踏和搬运物品时的重压而破裂，在材质、颜色上则可以选择深色的花岗石，因为其硬度高又耐脏。

门槛有防止水外渗、界定内外空间的功能，大门、厨房、浴室、淋浴间、后阳台等都要施工。

大门门槛的宽度比其他房间门槛来得宽，不但美观大器，也能避免行走踩踏或重物重压时的断裂。

Point3：门槛高度约在 2 ～ 3 厘米左右最佳

门槛高度若是太高，行走时会造成不便，若是太低又无法达到作用，以施工经验来看，门槛高度在3厘米以上比较容易踢到，差不多在2～3厘米左右是最舒适、又能保有功能性的适当高度。

门槛并非越高功能性越强，建议高度不要高于3厘米，维持在2～3厘米左右最佳。

Point4：靠内侧的门槛单侧应倒大斜角

引水、排水是门槛的重要功能，在兼顾功能性和美观性的原则下，可将靠该空间内侧的门槛单侧，以倒大斜角的手法设计，不但保有功能亦不突兀，不过这种门槛必须订制。

单侧倒大斜角的门槛，具备功能性及美观性，但必须特别订制。

Point5：浴室暗门门槛前加做半圆形立板

为了让整体空间看起来一致，不被门板切割，浴室门经常会采用暗门设计，要如何避免水溅到门槛造成喷水，是门槛设计必须注意的细节，一般建议在门槛前方加做半圆形的大理石立板，就能达到挡水效果，也能防碰撞、提升踩踏舒适度。

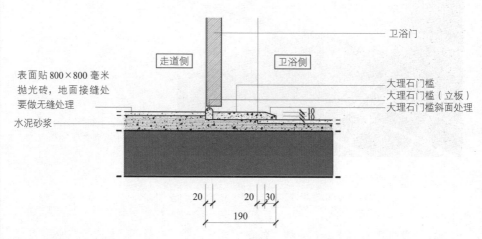

表面贴 800×800 毫米抛光砖，地面接缝处要做无缝处理

水泥砂浆

走道侧

卫浴侧

卫浴门

大理石门槛
大理石门槛（立板）
大理石门槛斜面处理

20   20 30
190

可在门槛前加设半圆形大理石立板。

Point6：视门板形式、用途决定门槛

门槛通常会在贴瓷砖前安装，材质有大理石和不锈钢两种，施工前必须先配合门的形式及用途，例如暗门的门槛要在该空间的外侧，淋浴拉门和门槛间则要预留防水胶条的空间等，选择门槛后再进行丈量，并请大理石厂商订制，到现场安装。

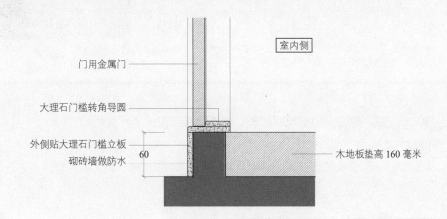

门用金属门

大理石门槛转角导圆

外侧贴大理石门槛立板
砌砖墙做防水

60

室内侧

木地板垫高 160 毫米

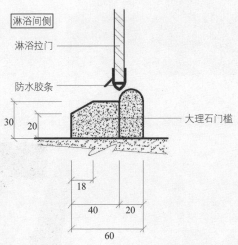

淋浴间侧

淋浴拉门

防水胶条

大理石门槛

30 20

18
40 20
60

门槛通常会在贴瓷砖前安装，而门会影响门槛的设计，不同的门要搭配不同的门槛，必须视门的形式和用途决定。

状况1 我家是开放式厨房，也需要安装门槛吗？

| 解决提案 |

当渗漏水意外发生时，门槛的设置可使损失范围得以控制，虽然现今厨房已不太需要使用大量的水清洗，但站在风险管理的角度上，建议还是要安装较佳，万一发生漏水，水才不会四溢扩散造成灾损，又因为门槛位于经常往来的通道上，高度不宜太高，两侧亦可倒斜角，增加舒适度。

厨房安装门槛，高度适中、两侧倒斜角的设计，可预防漏水漫延，亦不影响行走舒适。

状况2 我家的浴室门框腐烂严重，是不是施工时少了什么步骤？

| 解决提案 |

浴室是居家空间中用水最多的地方，在施工门槛时一定要在防水后贴地壁砖前先安装，并将门框或门斗站立于门槛上，日后门斗才不会因为一直浸泡到水，导致腐烂、损坏。

浴室的门框或门斗应立于门槛之上，门槛颜色则要与门板、瓷砖搭配，才不会显得突兀。

状况3 如果贴完地壁砖才安装门槛，该怎么办？有补救方法吗？

| 解决提案 |

先装设门槛再贴瓷砖的优点在于与防水层交接面大，防水效果好，若贴完瓷砖再安装门槛，门槛未接触防水层，且瓷砖又有缝隙水容易渗入，这时只能以硅利康加强填补，但日后容易发霉、隐藏污垢，因此最好还是在贴瓷砖前先安装好门槛。
（注：硅利康是一种富有弹性的材料，广泛用于装修设计领域。）

在贴瓷砖前先安装好门槛，防水效果比事后以硅利康填补好。

+ PLUS o2 : 抛光石英砖 & 大理石

抛光石英砖硬度够、重量轻、吐黄率低、不易吃色，而且在价格上也比较便宜，因此经常成为大理石的替代石材，也是目前室内装修使用率极高的主流材质。二种石材性质相似，同样以一般称为"半湿"施工法进行铺设施工，施工过程中较容易会有高低落差及大理石对花问题，监工时应确认把关多注意。

注意事项

Point1：两者性质相似、施工法相同

抛光石英砖可说是大理石的替代材质，它的硬度够，但重量较轻、吐黄率低、不易吃色，价格也较便宜，因此两者的施工法相同，一般称为"半湿"施工法。

Point2：钻孔时要注意先引孔

在装设配件、门挡时，需要在地面或壁面瓷砖上钻孔，由于大理石或抛光石英砖比其他材质容易破裂，事后要修补也较难，因此在钻孔时应由小到大，先用榔头捶打引孔凿，敲出小洞引孔，再以电钻钻孔，才不会直接以电钻钻孔造成大理石或抛光石英砖损坏。

抛光石英砖与大理石的性质相似、施工法相同，但前者无论在重量、价格上都优于大理石。

在大理石或抛光石英砖上钻孔时，应先以榔头捶打凿刀引孔，再用电钻钻孔。

Point3：填缝方式有三种

（1）水泥填缝：以原色或专用色的水泥填缝，优点是价格便宜、工法单纯快速，但容易吸附灰尘脏污。

（2）胶填缝：清除地上灰尘后，在瓷砖缝两侧黏上纸胶带，用工具仔细铺上填缝胶、修平，再以机器打磨。

清除地上灰尘

在瓷砖缝两侧黏上纸胶带

在瓷砖缝铺上填缝剂

用工具仔细铺上填缝胶、
修平，以不同机器打磨。

（3）无缝填缝：在瓷砖缝铺上填缝剂，待干燥后用机器将抛光石英砖连同胶填缝整平、
打磨。

干燥后用机器将抛光石英砖
连同胶填缝整平、打磨。

Point4：涂上防潮涂料避免吐色

当石材施工时，容易因为在潮湿环境时湿气传递而产生化学反应，使湿气从石材后方经由毛细孔渗漏出来而产生色变，此现象称为"吐色"或"吐黄"，因此在发包前应要求厂商在石材施工前涂上防潮涂料，避免石材吐色，不过一般人较难看出端倪，可委托设计师代劳检查。

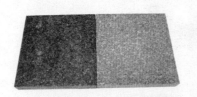

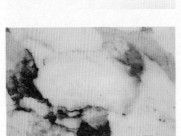

涂上防潮涂料后可以防止吐色，石材就不会变色了。

Point5：利用瓶盖检查平滑度

铺设大理石和抛光石英砖时，要如何知道贴的平不平整呢？很简单，只要一个瓶盖就能搞定！利用瓶盖来回滑过交接缝，看看是否顺畅，即可依此检查铺设是否平滑。

藉由瓶盖滑过交接缝，就能确认大理石或抛光石英砖是否铺设平整。

状况1　铺设大理石或抛光石英砖的过程中，哪些步骤能避免高低落差？

| 解决提案 |

在铺设过程中，可利用水平尺检测是否水平，再用橡胶槌轻敲至砖材平整，如果发现过高或过低，则要将砖拿起来，挖除或填补下方砂浆，最后再确认一次是否完全平整，经过这样的做法，就能避免高低落差的问题发生。

藉由水平尺、橡胶槌等工具，可使大理石或抛光石英砖铺得更平整。

状况2　常听人家说大理石"对花"，价格贵又耗材，为什么？

| 解决提案 |

要做到左右对称的"对花"并不容易，当铺设面积超过大板的尺寸时，特别注意花纹有没有对到，尤其是纹路强烈的花纹，更需留意；在铺设时，会以"对花"的中心线去分，假设要铺设3米的大理石，就需要使用2米的板材2片，剩余两边就变成要舍弃的耗材了，建议可将剩余材料移至别处使用，才不会浪费材料。

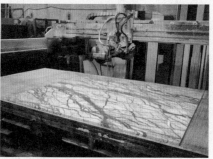

犹如镜面反射的"对花"，因为形状和纹路特殊，容易产生耗材。

Chapter 04

别以为选了好窗，
渗水问题就会远离你
铝窗工程

铝窗工程会需要搭配泥工工程，因此通常会安排在与泥工工程一起进行，且新更换铝窗最好能在同一天拆除、装设完毕，以避免空窗期造成安全的疑虑及气候变化带来的损失，因此进场时间的控制必须规划得宜。

铝窗从运送到吊装的过程中，容易发生撞击、变形、弯曲、加上安装固定不牢、不正等问题，因此在施工时一定要谨慎、注意每个细节、妥善安装，当铝窗安装完成后，应将四周的保护物清除干净，清洗外框并擦拭干净，最后再清除铝窗周边多余的填缝剂，铝窗工程就大功告成了。

不要以为装窗户只是一件小事，只要有一个环节出错，都将使铝窗无法发挥最佳功能，例如：渗漏水、移位、变形等，事前不仔细，等到入住了一段时间之后，又得花钱、花时间二次施工、重新补强，那真是得不偿失了。

>> **铝窗工程流程图**

安装铝窗 p.090

要点 1 铝窗工程，必须知道的事！

1 铝窗的形式很多，有推窗、气密窗、固定玻璃窗等，选择的款式会影响价格与日后使用便利，应先行确认。

2 大型铝窗若无法以电梯或楼梯搬运，可事先在工厂散装，再由安装人员至现场组装。

3 室内通常会先装设铝框，在施工完后才安装上窗户，室外则会一并安装完成，以应对天气及防盗因素。

要点 2 速查！名词解释

推窗： 推窗的设计要注意搭配纱窗的形式，纱窗配有一般型、卷式、折式，在发包时都要事先确定。

气密窗： 应对暴风雨气候及抑制噪音需求所设计的窗户。

固定玻璃窗： 也有人称之为景观窗，面积特色为中间是大玻璃，一般开窗在两侧所以视野不会被窗料阻断。

要点 3 铝窗工程的核查工作！

安装铝窗		
	需和泥工工程一起进行，必须控制好进场时间。	☐
	拆装以当天完成为最佳，避免空窗期。	☐
	选择的款式会影响价格与日后使用的便利，事前要先决定好。	☐
	丈量时要注意，开口要比铝窗大，才不会导致尺寸有误。	☐
	由于天气及防盗的因素，室外窗户要先安装，室内的则要在施工完后才安装。	☐
	落地窗下框容易因进出而变形损坏，可做拱形保护拦加以保护。	☐
	外框四周要用灌注方式灌入水泥，再配合发泡胶灌注，以免发生渗漏水的状况。	☐
	完工拆保护纸时不能伤到铝窗。	☐
	外框、内扇、纱窗等不能摇晃掉落；窗扣闭合要顺畅，内扇、纱窗要好拉动。	☐
	铝窗外框与周边接合处不能有间隙，以免漏光。	☐

01 施工保护工程
02 拆除工程
03 泥工工程
04 铝窗工程
05 水电工程
06 空调工程
07 木作工程
08 组合柜工程
09 油漆工程
10 木地板工程
11 玻璃工程
附录

1. 安装铝窗

施工步骤做错，再贵的好窗也没用

别担心！ 做对施工，一步步来 OK

 步骤 1 **现场测量**

现场测量，确定铝窗尺寸及形式。

Tips: 丈量时要注意，开口要比铝窗大，才不会导致因尺寸有误，无法安装或需要拆除墙面。

 步骤 2 **确认窗框位置**

确认窗框与各介面的位置，并在周围进行保护措施。

Tips: 若装设落地窗，因为进出要道，下框容易变形损坏，可做拱形保护栏加以保护。

步骤3　固定并填缝

嵌装固定片并固定，之后进行填缝。

Tips: 外框四周要用灌注方式灌入水泥，让水泥与铝窗周围紧密结合，才不会发生渗漏水状况。

步骤4　擦拭清洁

擦拭周边保护物及多余的填缝剂。

Tips: 拆纸时不能割到上下铝窗，有不平整的地方可灌注硅利康填平。

完成　**铝窗工程，完成！**

验收1　外框、内扇、纱窗等不能摇晃掉落。

验收2　铝窗外框与周边接合处不能有间隙，以免漏光。

验收3　窗扣闭合要顺畅，内扇、纱窗要好拉动。

01 施工保护工程
02 拆除工程
03 泥工工程
04 铝窗工程
05 水电工程
06 空调工程
07 木作工程
08 组合柜工程
09 油漆工程
10 木地板工程
11 玻璃工程
附录

Q 装设铝窗有哪些注意事项?

A：由于装设铝窗属于高楼施工，一定要注意施工人员和地面人员的安全，在工程进行时要净空，以免发生铝窗掉落、砸到人的危险。

Q 铝窗的安装位置如何规划?

A：以中间为主，安装位置可视情况偏内侧或外侧，若需配合室内贴瓷砖的需求，则要以瓷砖收边为考虑。

Q 较大型的铝窗要如何组装?

A：首先先评估一下大小尺寸可否以电梯或楼梯搬运，如果搬运及吊装都困难，可在工厂散装再由安装人员至现场组装。大型铝窗在安装时会加做支撑，以避免在灌注水泥或组装时凹陷，导致门或窗打不开发生。

被骗了　看清真相，小心被骗

01 施工保护工程
02 拆除工程
03 泥工工程
04 铝窗工程
05 水电工程
06 空调工程
07 木作工程
08 组合柜工程
09 油漆工程
10 木地板工程
11 玻璃工程
附录

状况1 我家是老房子，但只想要换新铝窗，有没有不会动到泥工的施工法呢？

｜解决方案｜

有的！只要不拆除旧框、不破坏瓷砖，就不需要动用到泥工，因此建议可先将旧框包覆后再加装新框，不但不会漏水、工时快，也不用担心敲砖后，找不到与老房子旧款瓷砖搭配的款式，是一举数得的做法。

状况2 我家的抽油烟机及热水器排气孔、空调的冷媒管等，开窗时会被挤压到，是哪里没有规划好？

｜解决方案｜

这些需要连接至户外的管道，一定要预留孔洞才能排气，若从玻璃钻洞会导致窗户无法开启，或开窗时一不小心就会压到管子，致使变形，因此建议预留铝板钻洞，而非直接在窗户玻璃上钻洞。

需预留孔洞。

最好不要直接在玻璃上钻洞。

●案例1落地铝窗引入室外造景

原房子状况: 拥有大露台的新建房

业主需求: 希望在露台设计小花园,休息时也能欣赏到绿意

重新设计: 铝窗的形式多样化,不单单只有窗户而已,在卧室内选择落地式的铝窗,不但通风,又能欣赏房子外绿意全景,让光线贯穿整个空间,室内也变得更明亮、舒适。

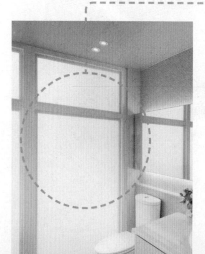

案例2浴室铝窗应考虑隐私性

原房子状况: 浴室内有窗,可引光至室内

业主需求: 窗户要能透光但不透明

重新设计: 浴室虽然属于隐密性高的空间,但若内有窗户,还是应将光线引进室内,提升整体明亮度。这时浴室铝窗可选择透光但不透明的雾面玻璃,达到穿透效果之外,也兼顾了隐私性。

案例 3 利用大片铝窗当作画框

原房子状况： 房子外就有自然的树林景致
业主需求： 想将户外景色拉进室内空间

重新设计： 大自然的美景是最无价的艺术品，如果能将它纳入居家空间的一部分，就不用花钱添购画作了。在客厅借由大片铝窗引进户外树林，让窗景就像一幅画作，成为最吸引目光的焦点。

案例 4 家具摆设需与铝窗位置配合

原房子状况： 书桌位置靠墙不靠窗
业主需求： 希望孩子念书之余也能放松心情
重新设计： 当心情烦闷、眼睛疲劳时，若能抬头看看风景，也是一种不错的治疗方式，因此家具的摆设不妨随着铝窗位置调整，让书桌面向窗户，不但光线佳，还有能放松情绪的窗景可欣赏。

01 施工保护工程
02 拆除工程
03 泥工工程
04 铝窗工程
05 水电工程
06 空调工程
07 木作工程
08 组合柜工程
09 油漆工程
10 木地板工程
11 玻璃工程
附录

外表看不到，
做错真的很要命
水电工程

水电工程顾名思义就是给排水工程和电力工程的合称，由于是属于藏在内部的隐蔽性工程，所以施工后很难从表面看出好坏，如果有了缺失需要改善、补救，将会是一件很麻烦的事情，所以每个步骤都非常重要，不只过程中必须谨慎进行，完工后也要加以测试，比方说，给排水管接好后，透过存水、加压等方式，检测有没有漏水或是否畅通，才能避免日后发生使用上的问题。

水电工程流程图

要点 1 水电工程，必须知道的事！

1 冷热水管因为有水压，因此在经过其他管线时要注意高度，做好避让措施。

2 电信上网或有线电视电缆（cable），最好备妥两种线路需求，以供选择。

3 施工前必须先了解家中会使用哪些大负荷电器，才能规划专属插座。

要点 2 速查！名词解释

泄水坡度： 为了让水能顺利流至排水孔，需要一个适当的坡度，当坡度不足时，就会导致积水。

存水弯： 是一种装设在排水管的 U 型管件，能阻止臭气及蟑螂、虫蚁等进入室内。

弱电： 以传递电气讯息为主，包含电视、电话、网路、监视录影、防盗保安、门禁管制等。

强电： 凡让开关、插座、灯具、电器设备等可以运作的出线皆是。

要点 3 水电工程的核查工作！

给排水	事先做好管线位置计划，依照每种管线的性质配合顺序，先配热水管，再配冷水管。	☐
	热水管要使用金属管，冷水管通常要使用可以转弯的 PVC 塑料管或金属管。	☐
	冷热水管因为有水压，因此在经过其他管线时要注意高度，做好避让措施。	☐
	排水管和粪管都需要自然泄水，要特别留意排水坡度的斜率是否足够。	☐
	排水管、粪管不能有太多折弯，尤其应避免 90 度的折弯，以免造成阻塞。	☐
弱电	必须依照使用习惯、位置配置。	☐
	弱电面板的位置一般会安排在设备附近，并要留意是否方便拿及是否有隐蔽性。	☐
	应备妥两种线路需求，以供选择。	☐
	施工时若没有事先规划，之后只能以拉明线的方式加设，需要留意。	☐
	弱电和强电的管线不可共享，以免发生干扰。	☐
强电	强电的电压为 220V，有特殊需求的电器要先提出，以便改换适合的插座及电源线。	☐
	施工前必须先了解哪些电器属于大负荷的类型，才可规划专属插座。	☐
	动工前做好配置规划，避免拉明线发生线材外露，造成安全及清洁上的问题。	☐
	强电插座的设置时间点在新砌砖墙后、打底前，应先把电气预埋盒和管线埋设好，再开始后续工作。	☐

01 施工保护工程
02 拆除工程
03 泥工工程
04 铝窗工程
05 水电工程
06 空调工程
07 木作工程
08 组合柜工程
09 油漆工程
10 木地板工程
11 玻璃工程
附录

Chapter 05 水电工程

1. 给排水

冷、热配管先后顺序按步来，自然排水顺畅不堵塞

别担心！ 做对施工，一步步来 **OK**

步骤 1 管线计划

事先做好管线位置计划，依照每种管线的性质配合顺序。

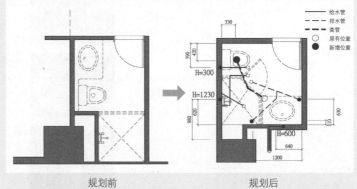

规划前　　　　　规划后

步骤 2 先配热水管，再配冷水管

Tips: 冷水管通常会使用可以转弯的PVC塑胶管，同时也可使用金属管。热水管会使用金属管，角度会有所限制，所以要最先安排。

监工 冷热水管因为有水压，因此在经过其他管线时要注意高度，做好避让措施。

步骤 **3** 接着配排水管

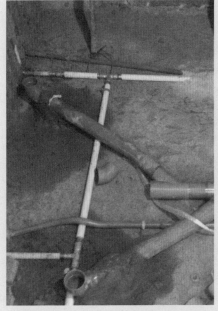

监工 排水管和粪管都需要自然泄水，因此一定要特别留意排水坡度的斜率是否足够。

步骤 **4** 最后配粪管

监工 除了注意排水坡度之外，粪管不能有太多折弯，以免造成阻塞不顺。

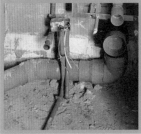

完成 给排水，完成！

验收 1 冷热水管接好之后，可以打开总水阀放水，检查有没有渗漏倾向。

验收 2 排水管和粪管装配好后，建议接上水管灌注大量的水测试，确认排水功能正常。

01 施工保护工程
02 拆除工程
03 泥工工程
04 铝窗工程
05 水电工程
06 空调工程
07 木作工程
08 组合柜工程
09 油漆工程
10 木地板工程
11 玻璃工程
附录

Q 泄水坡度有何重要性？坡度又该为多少？

A：排水管的泄水坡度，约为管径的倒数，例如：50 毫米的管线必须有 1/50 的坡度，如果没有做好泄水坡度，水无法自然排出，就会发生积水现象。

Q 给排水的接管种类有哪些？

A：一般来说可分为：铸铁管、白铁管和 PVC 塑胶管，以前的老房子常见使用铸铁管，但因为容易生锈、渗漏水，现在已经很少用了；白铁管多半用于给水管，要留心接头处是否接好，以免渗漏；塑胶管是目前最常用于给水及排水的种类，可塑形又不会生锈，使用年限更比其他两种长久。

Q 什么是排水回流？

A：排水管的分支管与横向主干管衔接时，如果没有一个自然的斜度，就会导致排水回流的状况，这个角度约以45度水平高度、顺着排水方向相接为佳，以浴缸来说，如果浴缸的排水管和主干管以90度衔接，水容易从地排溢出造成回流，有了45度的斜度后，就能避免溢水回流的问题了。

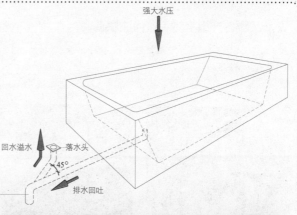

Q 地排位置该如何规划？

A：地排通常出现在厨房和浴室，建议位置可安排于洗槽及洗手台前方，以便发生漏水时能在第一时间排水；此外也要配合瓷砖计划，现在地砖大多选用大片砖，如果排水孔又位于地砖中间，水会难以排掉，应该安排在瓷砖缝的交接处，可透过下斜坡度排水。

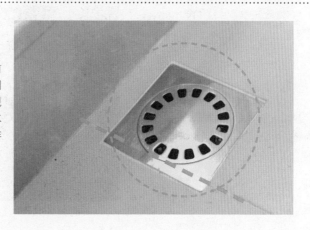

Q 施工埋壁式出水时，有何注意事项？

A：埋壁式出水常见于浴室浴缸或洗手台的给水设计，龙头打开后水直接从壁面龙头流出的设计手法。将配管藏于墙壁内的做法，从外表无法明显看出配管是否挺直、无歪斜，因此在打底配管后就要以测试棒检查，才不会做好后歪斜而无法补救。

管线藏于墙壁

打底用测试棒检查

完成！

Q 存水弯有哪些功能？

A：存水弯的主要功能有三：防止臭味、阻隔蟑螂、做为维修孔。当水存于弯管中，能阻绝异味和蟑螂回流，因此当水干掉或低于存水弯水线时，可倒入一些水，即可解决臭味溢出；若有问题或堵塞时，也可从此处检修、清理。

01 施工保护工程
02 拆除工程
03 泥工工程
04 铝窗工程
05 水电工程
06 空调工程
07 木作工程
08 组合柜工程
09 油漆工程
10 木地板工程
11 玻璃工程
附录

被骗了　看清真相，小心被骗

状况1　**我买的是新盖好的房子，在施工前还需要测试排水是否畅通吗？**

|解决方案|

无论是新房子、二手房还是老房子，在施工前都必须先测试排水有没有问题，旧房子的管线有可能因常年使用造成阻塞而不能使用，新房子则要注意建设公司可能在施工后，将泥砂倒入造成阻塞，建议进场前可用水管灌水约3～5分钟，并测试马桶冲水是否畅通，确认无误后再动工。

状况2　**我家的给排水重新规划，原有的管路不用了，要如何处理？**

|解决方案|

原有排水不用时，可用管帽或塑胶袋（不会腐烂）堵住洞口，再打入硅利康，刮平排除空气、确定完全填补后，再涂上防水层直到与RC（钢筋混凝土）齐平；至于给水管因为有水压，必须用金属或塑胶止水封头予以废除，施工前记得要先关水再施工。

在水管里打入硅利康

用管帽或塑胶袋堵住洞口

给水管要用金属或塑胶封头封好

状况3 装修好之后，从表面根本看不到给排水线路，日后要维修怎么办？

| 解决方案 |

这的确是一个棘手的问题，因为不可能把整面墙敲掉去找出给排水管线，因此在给排水配管完成时，就要拍照并绘制图档留底，尤其弯头或接头位置更要特别标示尺寸，日后即可从图面和照片中精准、快速找出问题点，不用大动土木。

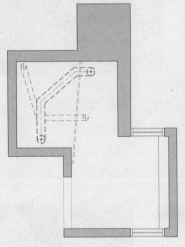

绘制图档留底、标示接头

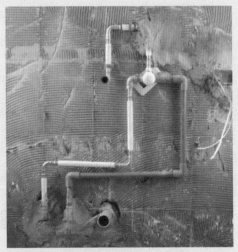

拍照留存

状况6 我家的浴缸每次使用完就积水，是不是因为排水没有做好？

| 解决方案 |

浴缸四周通常是大理石平台，比较不容易做出理想的泄水坡度，因此为了预防积水，可在离入口侧的浴缸最远端的相对位置，预留浴缸平台溢水排水孔，能让水由平台排水孔流掉，使用完后就不会到处积水、湿答答的了。

被骗了 看清真相，小心被骗

01 施工保护工程

02 拆除工程

03 泥工工程

04 铝窗工程

05 水电工程

06 空调工程

07 木作工程

08 组合台柜工程

09 油漆工程

10 木地板工程

11 玻璃工程

附录

状况4 **如果我家需要修改洒水头，要怎么做？**

│ 解决方案 │

基本上，洒水头因为消防法规及安全考虑不可以移位，通常只会为了配合天花板设计而调整高低，施工时需要关闭消防洒水总水阀，此举会引起消防警报及造成同楼层住户消防安全的空窗期，因此需要向大楼或物业申请才得以进行相关工程。

施工步骤如下：

Step1
先告知物业要进行洒水头修改工程。

Step2
关闭总水阀。

Step3
排空洒水头管线内的残存余水。

Step4
修改洒水头的高度。

Step5
应该告知物业复水。

Step6
观察地上有没有水渍或积水，确认修改完成、不会漏水。

被骗了　　看清真相，小心被骗

状况6 家里最怕的就是漏水和触电了，我有什么方法能预防这些危险呢？

| 解决方案 |

漏水之初往往很难发现，等到发现了，情况多半已经很严重，为了安全起见，可在浴柜、厨房洗台内装设遇湿即断水、可调整灵敏度的漏水断水器，若考虑预算，也可以选择在最容易发生漏水的厨房洗槽下柜中安装，达到预防漏水的目的。

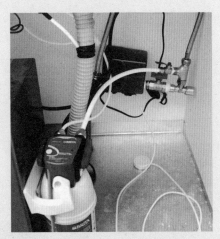

插头遇水触电则是另一个居家安全常见的问题，尤其家中有小孩更应当重视，建议可在厨具料理台处及浴室马桶下方，装设保护罩或有外盖的插座或遇水不会触电的防水插座，避免插座被水溅到而发生危险。

01 施工保护工程

02 拆除工程

03 泥工工程

04 铝窗工程

05 水电工程

06 空调工程

07 木作工程

08 组合柜工程

09 油漆工程

10 木地板工程

11 玻璃工程

附录

做对了　正确的案例分享

案例 1 开放式厨房也应预留地排

原房子状况： 厨房原为传统的密闭式设计

业主需求： 要将厨房变 为开放式空间

重新设计： 现在的厨房设计走向开放空间，也不再像过去需要时常清洗地面，但还是应该在厨房空间预留地排，以便应付不可预期的意外状况，像是水管漏水，即可让水尽速排出。

案例 2 连接客厅的餐厨区更要重视给排水

原房子状况：厨房为传统的密闭式空间设计
业主需求：希望客、餐厅及厨房完全开放相连

重新设计：开放式厨房设计能让空间变大，若再与公共空间相连接，更可提升整体开阔度，但假如厨房发生漏水状况，室内空间也会连带遭殃，因此给排水更需要被重视，以免意外造成时无法排水、措手不及。

案例 3 管线要配合设备形式施工

原房子状况：二手房局部翻修卫浴空间
业主需求：想将老旧马桶换成新款设备
重新设计：随着技术的进步，卫浴设备也不断"汰旧换新"，以马桶为例，落地式及挂壁式是目前最常见的款式，使用已久的马桶可在装修时更换，并因应设备种类的差异性，安排适当的给排水位置，再配合专业施工，让浴室焕然一新。

01 施工保护工程

02 拆除工程

03 泥工工程

04 铝窗工程

05 水电工程

06 空调工程

07 木作工程

08 组合柜工程

09 油漆工程

10 木地板工程

11 玻璃工程

附录

• — — — • 案例 4 阳台区域给排水功能应时常检查

原房子状况：阳台为堆放杂物的闲置空间

业主需求：想在阳台种花侍草

重新设计：一般阳台空间都备有水管，若业主喜欢种植花草，更需要经常用水，因此给排水工程一定要流畅、避免积水，也要不时清扫落叶，以免遮盖排水孔，如果阳台处铺设了塑化木，在排水孔处应裁切适当尺寸，以便日后维修检查。

2. 弱电

事前做好规划，再也不怕隔三差五就跳电

别担心！ 做对施工，一步步来

步骤 1

由业主依照生活习惯提出需求

事先与设计师做好沟通，并提出需求。

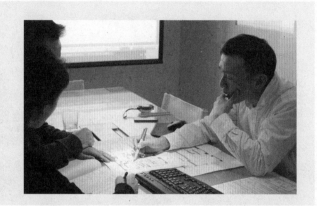

步骤 2

设计师依照业主使用习惯 & 位置配置。

依业主需求，提出配电规划。

Tips: 插座位置一般会安排在设备附近，并要留意是否方便就手，此外隐蔽性也很重要。

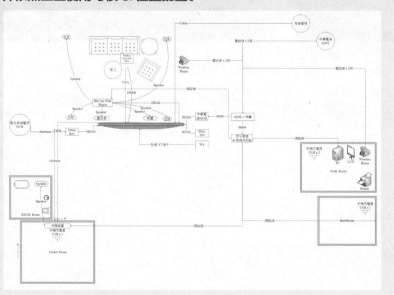

步骤 3 施工前提出弱电线路配置计划

为了正确施工，需要有配置图比对。

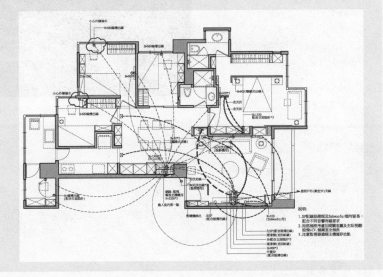

Tips: 目前上网可透过电信或有线电视电缆（cable），因此最好备妥两种线路需求，以供选择。

步骤 4 由施工厂商按图配线

依照配置图，才能确认做好配线。

Tips: 施工时若没有配线，之后只能以拉明线的方式加设，并可能需要破坏墙面才能牵线。

完成 弱电工程，完成！

验收 弱电和强电的管线不可共用，以免发生干扰。

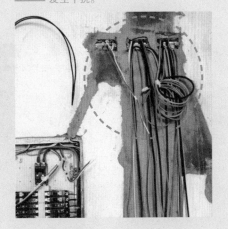

01 施工保护工程
02 拆除工程
03 泥工工程
04 铝窗工程
05 水电工程
06 空调工程
07 木作工程
08 组合柜工程
09 油漆工程
10 木地板工程
11 玻璃工程
附录

Q 什么是"弱电"？

A：弱电主要以传递电气讯息为主，电视、电话、网路、监视录影、防盗保安、门禁管制等都属于弱电的范畴。

Q 为什么弱电讯号线回路要使用"并联"方式？

A：以单点对单点的并联回路，电压值不会改变，跟每个电阻值中间会有电压差的串联不同，当讯号出现问题时可以单独解决，不会影响前后其他联结。

举例来说，当一台电视没有讯号时，使用并联方式，其他台电视依然可使用，但若使用串联方式，牵一发动全身，当电视前端讯号出现问题，则后方连接的所有电视都会无法使用，所以家里的弱电讯号线回路配置最好都采用并联方式为佳。

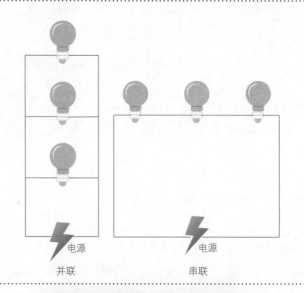

Q 什么是弱电箱？

A：弱电箱就是整合全室弱电讯号配线的配电箱体，可以将电话、电视、网路等线路集中管理，它的位置通常位于大门总电箱附近，但过去开发商建置的弱电箱大多又浅又挤，不但美观更不好维修，因此建议重新安排位置，将原本的弱电箱放大，并加装排风扇或散热孔，确保不会过热产生无法运作或跳电等危险。

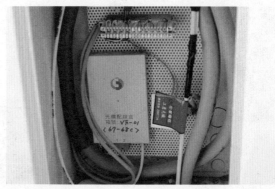

01 施工保护工程

02 拆除工程

03 泥作工程

04 铝窗工程

05 水电工程

06 空调工程

07 木作工程

08 组合柜工程

09 油漆工程

10 木地板工程

11 玻璃工程

附录

被骗了　看清真相，小心被骗

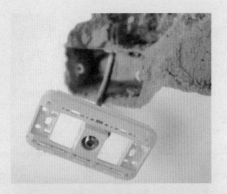

状况1 我家要重新配置线路，全部旧有线路都要换新吗？

| 解决方案 |

是的！因为弱电的线材一般都比较细，容易因受潮或松脱而影响讯号传递，因此无论房子新旧，当出线口移位时，都建议抽换原有线路，若真的必须以接线方式施工时，要记得预留检修口且做好记录，以便日后维修。

状况2 我家要装保安系统，线路上需要注意哪些事呢？

| 解决方案 |

监视器、对讲机、保安系统等，不宜自行找水电工人修改，以免影响讯号，危害居家安全，建议找原有设备或专业厂商配合施工，并同样应注意有没有留检修孔，并做好记录，方便检查和维修。

状况3 我家有很多插座，电线又多又丑，有没有办法能把它们藏起来呢？

| 解决方案 |

插座通常会置放在方便使用的位置，这也意味着很容易被看到，为了兼顾美观和便利性，插座需要借由隐蔽式的设计手法遮丑，可利用盖板或线槽将插座、电线隐藏在内，除了避免杂乱，安全性也高，也不易积灰尘、便于清理。

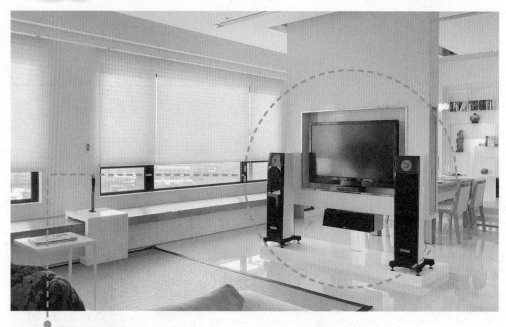

案例 1 先了解使用设备再规划线路

原房子状况：客厅没有设备柜的规划

业主需求：想把视听设备线路隐藏起来

重新设计：视听设备的线路之多与复杂，常是导致空间杂乱及危险的原因，在事前先了解使用的视听设备款式，再规划管线的配置，不但能将电线藏匿，让空间保持干净清爽，减少被电线绊倒的意外发生，同时也可减轻清洁工作的负担。

案例 2 卫浴设备控制开关要考虑就手性

原房子状况：没有装设需要电控的卫浴设备

业主需求：选购马桶及加装四合一暖风机

重新设计：浴室内最常见需要使用弱电的设备，就属马桶和暖风机了，在规划时包含控制开关的位置、高度及使用顺手性等，皆应纳入考虑范围，才能让这些设备发挥最大的便利效益。

案例 3 利用设计手法修饰弱电设备

原房子状况：电视线路外露于墙面

业主需求：想改变电视摆放位置

重新设计：复杂的线路若隐藏不当，往往是造成空间杂乱的主因，在规划时可借由设计手法，如：屏风加以遮蔽，不致影响外观美感，但必须预留检修孔以便日后维修，若想改变设备的摆放位置，则建议重新拉线。

案例 4 制作线槽让管线有个家

原房子状况：视听设备电气、开关、灯具、插座未符合需求的新建房

业主需求：让电线能有适当位置及藏身之处

重新设计：家中的电话、家电、照明、视听、保安设备，无一不需用到电线，这么多的线路如果全部散落在外，不但影响美观，也容易造成居家意外，因此可利用线槽设计收纳电线，方便集中管理及清洁，并降低用电的危险。

3. 强电

配合生活习惯做设计，电线藏好不碍眼

别担心！ 做对施工，一步步来

步骤 1 由业主提出电器设备需求

业主依照生活习惯、使用的电器设备等提出需求。

Tips: 强电的电压为220V，如果使用特殊需求的电器要先提出，才能改换适合的插座。

步骤 2 设计师依照业主使用习惯及位置配置

询问居住者的使用习惯和设备后再规划，配置方式才会适合每个人，使用起来才顺手。

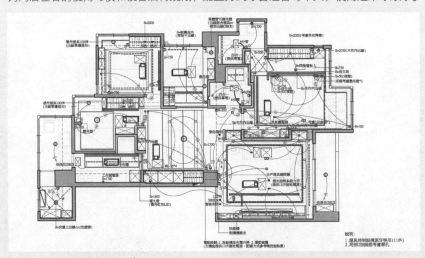

01 施工保护工程

02 拆除工程

03 泥工工程

04 铝窗工程

05 水电工程

06 空调工程

07 木作工程

08 组合柜工程

09 油漆工程

10 木地板工程

11 玻璃工程

附录

步骤 3

施工前提出强电线路配置计划

事前必须先了解哪些电器属于大负荷的类型，才知道是否需要规划专用插座。

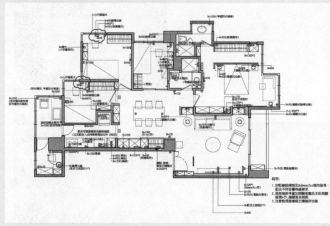

监工 强电插座的设置时间点会在新砌砖墙后、打底前，先把电气预埋盒和管线埋设好，才开始后续工作。

步骤 4

由施工厂商按图配线

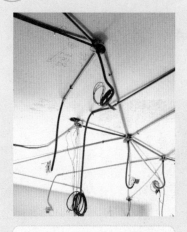

Tips: 若没有先做好详细的配置计划就动工，日后要再拉明线容易发生线材外露，造成安全及美观上的问题。

完成

强电工程，完成！

验收 1 核对现场是否依图施工。

验收 2 线材要做好正确埋设不外露，以免造成日后危险。

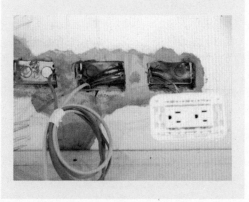

Q "专电"和"专插"有何不同?

A:"专电"指的是提供给大负荷特殊固定设备使用的电源,如:五合一暖风机;"专插"指的则是给可移动的大负荷型家电使用的插头,如:电热器、烘衣机等,可针对电器设备的需求,决定提供专电或专插。如果没有规划专电或专插,负荷超过时,电器回路会跳电,严重者电线会过热走火,造成居家危险。

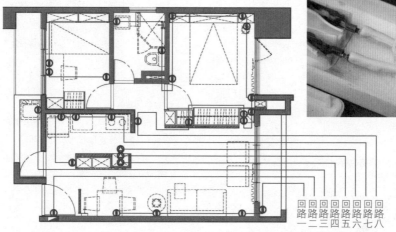

回路一 回路二 回路三 回路四 回路五 回路六 回路七 回路八

Q 家用墙壁的插座负荷量如何计算?

A:家中大多是 220V 的插座,大负荷电器插座则可能是 220V 以上。一般 220V 的插座一个回路可提供 10 安培负荷,利用"功率 ÷ 电压=电流"即可换算出单一回路负荷量,正常情况下使用并不会跳电,但若是使用大负荷型的电器就要特别注意,是否会超过负荷量,以免负荷过大、电线易过热而导致走火的危险。

01 施工保护工程
02 拆除工程
03 泥工工程
04 铝窗工程
05 水电工程
06 空调工程
07 木作工程
08 组合柜工程
09 油漆工程
10 木地板工程
11 玻璃工程
附录

注意 ❓ QA 解惑不犯错

Q 开关、插座的位置要如何规划?

A:开关的位置必须提供生活便利性,所以应该满足生活习惯上的需求,举例来说,房间房门边要有灯的开关,另可在床边规划对应双切开关方便使用;餐桌附近则可视生活型态规划笔记本电脑、火锅使用的插座,无论在哪里想使用电器设备都很方便。

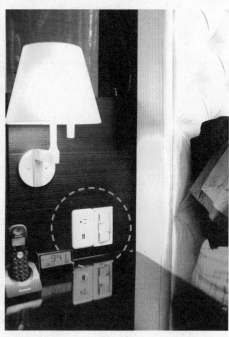

Q 电线更换时,主干线也要换掉吗?

A:无关房龄,使用 10 年以上的电线,建议都要抽换新电线,因为更新的电线可以选择较新规范及规格的线材替换,其铜纯度较高、绝缘力较佳,能避免线材老化带来的危险;通常位于楼梯间的主干线(也就是电表处),则建议可考虑同步更换,确保源头到室内的管线皆良好,提升使用安全性及效能,同样地,室内水管更换时,主干管的更换也是同样重要。

被骗了　看清真相，小心被骗

状况1　**我家的家电种类非常多，哪些是大负荷家电，需要使用专插呢?**

| 解决方案 |

居家用的家电包含冰箱、烤箱、电锅、微波炉、洗衣机、烘衣机、除湿机、电热器、暖风机等，都是需要使用专插的大负荷家电，若没有规划专插，同时使用这些电器时就容易发生跳电状况。目前家电以220V居多，因此设置专用插座是目前最佳考虑。

状况2　**我家装的是落地窗帘，每次要用电扇时窗帘就会被电线掀起，有没有办法可以解决呢?**

| 解决方案 |

窗帘后插座位置在设计规划时，最好尽量贴地，离地距离在5厘米内为佳，这样一来使用活动家电时，电线不需要拉高，人也不会被电线绊倒，再者不用掀起窗帘才能插插头，美观又安全。

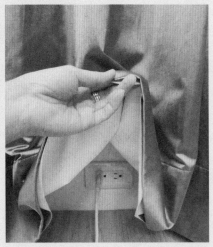

01 施工保护工程

02 拆除工程

03 泥工工程

04 铝窗工程

05 水电工程

06 空调工程

07 木作工程

08 组合柜工程

09 油漆工程

10 木地板工程

11 玻璃工程

附录

被骗了 看清真相，小心被骗

状况 3 我家的衣柜、鞋柜想要装照明灯或抽风扇，要怎么做呢？

| 解决方案 |

打开柜门按压或感应会启动灯或抽风扇电源的装置称为"微动开关"，可分为两大形式：红外线感应型和直接压迫型，有了这种装置，拿取衣物时不用开大灯，鞋柜里的抽风扇也不会忘记关，在装设前可视需求和预算选择款式。

红外线感应型：装置内有电路板，具备定时功能，虽然价格较贵，但不会因为长期使用而影响其开启功能。

直接压迫型：鞋柜、衣柜内常见使用，但功能会随门的位置移位，容易发生接触不到而无法正常运作的状况。

案例 1 开关规划得宜提升便利性

原房子状况： 开关只在单点规划，使用不便

业主需求： 不想再为了关灯跑来跑去

重新设计： 照明是居家空间不可或缺的装置，但如果为了关灯，要从 A 空间跑到 B 空间，实在是很麻烦，因此在装修前事先将开关规划在得当的位置，并运用灯控系统或双切开关，都能让生活更加便利。

案例 2 做好照明计划创造好氛围

原房子状况： 只提供基本照明的复式新建房

业主需求： 希望透过设计让用餐时能有像外面餐厅般的气氛

重新设计： 居家空间也可以创造优雅美好的气氛，关键就在于照明规划！在装修前先想好欲营造的氛围，再安排光源与管线位置，决定灯具形式等，就能把外面餐厅的好气氛带回家里。

案例 3 开关颜色可配合整体风格

原房子状况：整间房内使用统一规格的开关与面板

业主需求：不希望因为开关破坏空间美感

重新设计：开关是控制电源的主要媒介，不可或缺却也是容易破坏美感的杀手，为了保有风格精神，开关及面板可以选择与整体色系搭配的款式，透过一个小细节的注重，就能避免突兀感。

案例 4 灯具悬臂设计适用于双空间

原房子状况：每个空间各有吸顶主灯

业主需求：希望灯具能具有多用途性

重新设计：灯具设计属于强电工程中的一环，随着空间设计开放性的趋势，灯具不再只存在于单一空间，而倾向共用的概念，例如在餐厅与客厅相邻的公共空间，可运用吊顶、悬臂设计的灯具，达到灵活使用的双用目的。

01 施工保护工程
02 拆除工程
03 泥工工程
04 铝窗工程
05 水电工程
06 空调工程
07 木作工程
08 组合柜工程
09 油漆工程
10 木地板工程
11 玻璃工程
附录

PLUS O3 | 卫浴

日常生活型态与卫浴空间的规划配置有极大的关联，从浴室在居家中的位置考虑、浴室间数、动线规划等，都牵扯到全家人的盥洗习惯问题。另外，由于淋浴的方式、梳妆盥洗的需求不同，也使得在沐浴设备、盥洗设备、收纳设备等选择配置上有不同考虑。以下提出几个设计重点，希望能有效协助大家打造舒适又安全的沐浴环境。

注意事项

Point1：更改粪管要找好泄水坡度

当马桶需要移位时，地板必须垫高，以便配合粪管更改位置，这时一定要找好泄水坡度，且管线不要拉太远，才不会造成排水不良和阻塞等问题。但是，地板垫高会造成高低落差，导致行走时的不便。

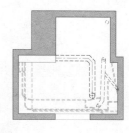

马桶移位时必须更改粪管位置，因此地板需要垫高，除了泄水坡度的问题，垫高地板所造成的落差，在使用上也会带来不便。

Point2：卫浴设备由专业厂商安装较佳

卫浴设备的种类越来越多，安装上也更为复杂，因此最好由专业厂商而非水电工人施工，厂商人员会比水电工人了解装设时该注意的细节，以免安装不当造成日后使用上的问题。

卫浴设备最好由专业厂商负责安装，减少日后使用上的问题。

Point3：卫浴设备应重视售后服务

国产和进口品牌到底哪个好？其实并无绝对，无论选择哪个品牌，售后服务都是重点，能否找到配件更换、是否有良好的维修服务，才是在挑选时应该考虑的事。

Point4：淋浴门铰链避免太过接近转角

淋浴门铰链与淋浴间砖墙的位置和距离要适当，不可太过接近外侧转角，避免在钻孔时造成壁面瓷砖崩角，崩角可能会影响到周边柜体，导致要换掉瓷砖重做；铰链与墙的距离可尽量离远一点，还能利用多出的墙面平台摆放瓶罐。

无论选择国产或进口的卫浴设备品牌，都应该先了解是否有完善的售后服务，以免未来发生要更换配件却找不到的问题。

淋浴门铰链与墙面的距离可尽量远一点，一来避免壁面瓷砖崩角，二来淋浴间内可多出平台摆放淋浴用瓶罐。

Point5：淋浴门开启方向必须向外

基于安全考虑，淋浴门应采外开设计，假设有人在淋浴间内发生意外，内开门可能会被需要救援的人挡住而打不开，但外开设计的门则无援救上的问题。

Point6：尽量避免使用淋浴拉门

左右开合的淋浴拉门虽然不会占用使用空间，但密合度较差且费用贵，再加上轮子及相关配件使用久了容易故障，会增加日后需要维修的机率，因此较不建议使用。

为了安全起见，淋浴门的开启方向应为外开设计，万一里面有人晕倒，外面的人才能立即开门抢救。

Point7：洗手台后可规划实用浅平台

洗手台后方可规划浅平台，方便摆放常用瓶罐，又不浪费空间，浅平台的高度约比洗手台高7~10厘米为佳，才不至于过高而吊手，宽度则以砖墙的厚度为主，通常大约10~12厘米左右。

Point8：给水设备安装前要先打硅利康

在安装淋浴及浴缸位置的给水设备前，要先在壁面与给水出口处打硅利康，装设浴室配件钻洞后，也要在洞内灌注硅利康，以防渗漏水，最后出水口和瓷砖之间的缝隙也要用硅利康填补好，防止水从隙缝渗入造成漏水。

洗手台后方可设计实用的浅平台，方便放置瓶罐，也不浪费空间，达到收纳及善用空间的目的。

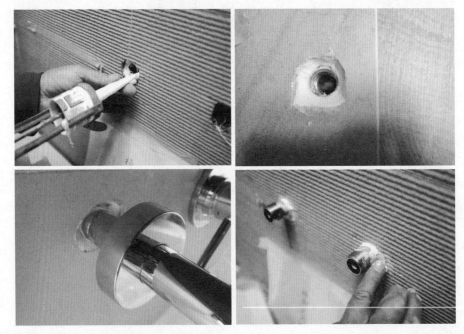

安装给水设备前、钻洞后到装设好，各阶段都要以硅利康确认填补，避免日后发生渗漏水状况。

状况 1   我家厕所的马桶要移动位置，但又不想垫高地板，怎么办呢？

| 解决提案 |

选择埋壁式马桶就能解决问题了！因为埋壁式马桶的管线埋设在马桶后墙，只要规划得当，就不需要垫高地板迁就粪管的移位，少了地板的高低落差，浴室不但能成为无障碍空间，且悬空的马桶也方便清洁。不过相对而言，埋壁式马桶的设备及配管费用会比较高，并要找专业厂商施工较为妥当。

管线埋设在后墙的埋壁式马桶，除了不需垫高地板配合粪管移位，悬空的马桶也方便清洁打扫。

状况 2   我家的浴室、户外阳台等处都要使用硅利康，该怎么挑选呢？

| 解决提案 |

硅利康可分为水性、中性、酸性三种，主要的区别在于干燥时间的快慢与黏着力的强弱，可依空间需求选择不同种类。硅利康能防水，但敌不过潮湿的气候最怕发霉，因此除了选择防霉型的硅利康，还必须做好空间干燥防潮管理，才能解决问题。

硅利康种类 & 适用范围
水性：使用在油漆收尾时居多。
中性：最常使用的种类，室内、户外皆可用。
酸性：大多用于户外，但遇到铁件会造成氧化生锈，必须留意。

硅利康有不同种类，一般分为水性、中性、酸性三种，可依照空间需求挑选使用。

状况 3 我想把马桶、浴缸、洗手台做出区隔，但又怕遮挡光线、浪费空间，要怎么设计呢？

| 解决提案 |

浴室规划要顾及到空间感、光线及收纳，想让各设备之间有所区隔，又符合规划原则，矮墙设计是不错的手法。在淋浴间和洗手台之间设计一道矮墙，两者之间不仅不用留了为了清洁擦拭但不好看的间隙，还能摆放瓶罐、满足收纳需求；马桶和浴缸之间设计一道矮墙，则能达到区隔目的又造型美观，和会遮挡光线、造成空间压迫又无法放置瓶罐的高墙相比，矮墙设计好处太多了！

运用矮墙设计手法，让浴缸和马桶、淋浴间和洗手台之间有了区隔，又可收纳瓶罐，美观、清爽又干净。

状况 4 我想在浴室做浴缸，但又担心家中长辈出入不便和潮湿问题，应该怎么办呢？

| 解决提案 |

浴缸与地面之间可以规划踏阶设计，一方面缩小浴缸和地面高度，提升出入时的安全性，一方面踏阶下方可做排水沟，将溢出的水迅速排出，就能保持空间干燥、不潮湿；踏阶的材质选用不上漆的实木最佳，可以吸干双脚上的水珠，当然也要做好浴室干湿分离、装设四合一暖风机及淋浴门、打硅利康加强防水等干燥防潮管理措施，才能降低浴室可能造成的危险性。

踏阶设计可缩短进出的距离以策安全，并在下方加设溢水排水沟帮助排水，就能解决安全和潮湿问题。

状况5 我家浴室有装抽风机，为什么还会闻到邻居家传来的异味呢？

| 解决提案 |

首先检查一下抽风机的排气管，有没有套管固定好接至管道间，如果排气管没有接至管道间，必须落实接管动作。另外还需检查天花板以上的管道间，是否有造成臭气逸出的漏洞，若有漏洞则需要填补，填补方式可视洞的大小决定，较大的洞直接以砖块、水泥填补，小洞则可以以发泡剂及硅利康灌注填补，确认封填好才能彻底阻绝异味流窜。

抽风机的排气管若没有接至管道间，需要在原有天花板开施工孔，并落实接管补救，缝隙必须确认填补好，才能杜绝异味进入室内。

PLUS 04 厨房

良好的厨房规划，必须先了解自己的需求，评估厨房的使用模式，以及厨房能带给自己便利生活的想像，再依照预算，订作完美厨房。以往厨房多为封闭式，近年来，则有越来越多开放式厨房，让厨房成为整体起居生活的一部分。在规划时，厨具的建材材质与色系必须配合整体的室内设计风格，不论自行购买还是交由设计师规划，最好多沟通。

注意事项

Point1：依需求挑选抽油烟机

抽油烟机的种类越来越多，大致可分为：深型、半深型、欧式、抽拉式和薄型等，可依照需求、喜好及空间条件选择。

抽油烟机的种类众多，可依照个人喜好、使用需求、空间条件等因素，决定适合的款式。

Point2：燃气炉和排油烟管的距离尽量靠近

燃气炉和抽油烟机的排气管出口应尽量靠近，通常是靠近工作后阳台，比较容易将油烟顺利排放至室外；排油烟管的长度也不宜太长，会影响抽风效果；另外也要减少转折，避免抽风时声响过大且排气不顺畅等问题。

燃气炉和抽油烟机的距离应靠近，排气管不宜过长、转折过多，以免影响抽风效果。

Point3：滤水设备应在厨具洗槽下方

家中滤水器的最佳摆放位置在厨具洗槽下方，原因有二：洗槽下方因有水管，无法提供有效能的收纳，反而有足够空间放置滤水设备，且离排水管近，万一不慎漏水也能立即排掉，减少酿成水灾的机率。

Point4：防蟑落水头可视需求装设

防蟑落水头虽然能防止蟑螂或臭味进入室内，但某些产品相对排水速度会较慢，若真的发生漏水状况，会致使排水不易，是否要装设可视业主情况决定。

滤水设备可规划放置在厨具洗槽下方，一方面空间够大，另一方面距离排水管近，不慎漏水也能即时排掉。

防蟑落水头有利有弊，可视需求决定要不要装设，若担心漏水时排水不及，装设时一定要格外谨慎。

Point5：冰箱位置以靠近水槽为主

以使用顺手度来看，从冰箱拿出食材后，放到水槽中清洗后再料理，因此"冰箱→水槽→燃气炉"是最恰当的摆放位置，如果厨房空间够大，可掌握黄金三角的放置原则，让冰箱到水槽、燃气炉的距离适中，会更便于使用；另外，冰箱是全家人都会使用的家电，摆放位置可靠近公共空间，方便大家使用。

可依照"冰箱→水槽→燃气炉"的原则规划家电摆放位置，使用起来会更就手便利。

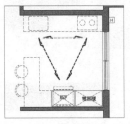

三角型动线

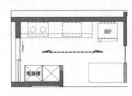

一字型动线

Point6：将进水关小降低漏水机率

居家容易造成水灾意外的来源，最常来自于洗衣机供水或厨具洗槽下方的滤水器，因为水压过大使水管与接头脱落而漏水，建议可将进水关小一点，虽然注水速度会慢一点，但能避免一旦漏水，瞬间涌入大量的水所造成之灾害。

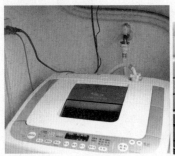

水压过大容易导致水管与接头脱落而漏水，因此可以将进水关小一点，降低水灾的严重灾害。

状况1 我家的滤水器才装没多久，接头就脱落了，有没有办法解决呢？

| 解决提案 |

首先可以检查一下家中的滤水设备接头是什么材质，塑胶管接头若没有防脱落的设计时，会比较容易脱落，可改以金属螺丝固定接头，就不易松脱了；此外，水压过大也会导致接头脱落，多加装一个水压器控制水压，亦能减少接头松脱的机率。

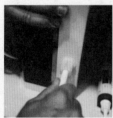

滤水设备采用金属接头取代塑胶接头，再加装一个水压器控制水压，就能避免接头脱落的问题。

状况2 我家厨房想用欧式抽油烟机，但又刚好卡到梁，怎么办？

| 解决提案 |

原则上遇到这种厨房有梁的情形，建议使用其他款式的抽油烟机，利用柜子遮蔽管线，风管才不会因为被挤压、弯折而减损抽风效果。如果一定要使用欧式抽油烟机，只好局部修改天花板，使其降低加大与梁之间的空间，让风管能顺畅弯曲、排除油烟。

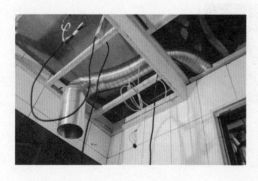

当欧式抽油烟机卡到梁时，除了更换其他款式之外，亦可降低天花板加大与梁之间的空间，使风管能顺畅弯曲。

状况3 我家厨房有很多电器需要放置，应该如何安排呢？

|解决提案|

厨房中最常见的电器设备就是电锅、烤箱、微波炉，可以规划一个设备柜整合摆放，放置的顺序由下而上为：电锅→烤箱→微波炉（电锅和烤箱的位置亦可视需求对调），并依照使用方式选择五金，需要掀盖的电锅可选用抽盘，烤箱层选用可当简易置物盘的下掀门，最上层的微波炉则选用上掀门，所有家电都能顺手好用又收纳得宜。

厨房中的电器可规划设备柜收纳，并安排适当顺序摆放，再依照家电使用方式搭配适合的五金，用起来更加顺手。

状况4 我每次切菜、炒菜完都因为厨具的不当设计而腰酸背痛，流理台和燃气炉台要怎样设计才好？

|解决提案|

如果有这样的烦恼，在设计规划时不妨将洗槽的高度升高一些，燃气炉台的高度下降一些，以符合备料、炒菜的人体工学，至于流理台和燃气炉台之间的落差要为多少，并无一定标准，可请房主实际感受再调整降低的高度。

在规划厨具时，可将燃气炉台的高度降低一些，以便符合备料、炒菜时手的高度，如此一来就不会吊手而腰酸背痛了。

+ PLUS o5 · 视听设备

随着科技、经济的进步，居家生活水准的提升，目前家中有一套家庭伴唱机或家庭电影功能音响已不是什么稀奇的事，而且过年不是出门跟人家挤，而是窝在家看电影（或打牌）也成为大多数人的"年节习惯"，但居家电影院规划及影音器材升级则需要更多专业知识来打造理想的家庭视听娱乐空间。

注意事项

Point1：投影布幕两端要多留空间

投影布幕的两端应多预留一些空间，以后若要更换高阶设备，需要换新的布幕时，可有转圈的尺寸余裕，此外，电动式的布幕更要记得预留电源的线材位置及空间。

投影布幕两端要预留多一点空间，以便日后更换新设备有转圈余裕，电动式布幕更要预留电源的线材位置及空间。

Point2：电视出口不宜过多

电视出口过多会使讯号变差，而且也不要使用串联方式，应改以并联方式，以免影响多台电视的收讯，以家中有4台电视为例，串联的每个接点都要有一个分配器，4台电视需要3个分配器，但并联只要一个分配器，相较之下即可得知效果。

电视出口过多会使讯号变差，尤其若又采用串联方式，当家中有多台电视时，前端电视失去讯号，其后之电视也会跟着无讯号。

Point3：隐藏式升降投影机要注意净高尺寸

因为隐藏式升降投影机必须藏在天花板内，所以在规划时一定要注意净高尺寸，至少要留40厘米放置机器设备，但留的空间也不宜过多，以免压低天花板导致压迫感，并要在旁边预留检修口以便维修。

隐藏在天花板中的升降投影机，一般家用机种建议预留至少40厘米的净高空间，才不会发生机器无法完全隐藏，外露在天花板的状况。

Point4：电视线、有线电视电缆线建议留长不加装面板

一般施工是将电视讯号线施工于面板上，即多了一个讯号接点，如此会影响讯号的传递，建议将有线电视电缆线留长，日后电视安装时可直接接上，且以并联方式取代串联方式，这样做不但能提升讯号的接收强度，也不会因其中一段电视讯号线有问题，而影响其他讯号的正常。

将有线电视电缆线留长，不加装面板，并使用并联方式，能提升讯号的接受强度，即使其中一台电视收讯不好，也不影响其他台的使用。

Point5：考虑设备升级应加做预留管槽设计

为了考虑日后设备升级需要增加AV（Audio&Video，指音视频）、HDMI（高清晰度多媒体接口）及其他讯号线，会有抽换线材的可能性，建议在电视和视听设备之间规划预留管槽设计，一般可搭配木作封板施工，预留足够的空间更换或增加线材。

在电视墙后方，以木作封板的预留管槽设计，在电视和视听设备之间预留换线材的空间，以备日后设备升级之需。

Point6：设备线路要抽换不宜移接

当原本视听设备及弱电线路位置不符合需求或设计时，建议不宜接线，最好直接抽换新的线材，以避免讯号衰减。如果遇到线材抽不动，无法抽换必须重接时，务必要留好检修孔，以备日后维修需求。

当线路位置不当时，最好直接抽换线材，不要用移接的方式，以免影响讯号衰减，若非要移接，则要预留检修孔。

状况 1 我想透过电视把笔记本电脑或 iPad 里的照片分享给家人欣赏，但每次都要把它们搬到电视旁才能接线使用，非常麻烦，有没有办法解决呢？

| 解决提案 |

居家设计的目的在于提供舒适便利的生活，只要在沙发旁预留设置好影像讯号线出口，就能舒服坐在沙发上使用笔记本电脑跟电视连线，选择从电脑荧幕或电视显示，就不需要跑来跑去忙着切换了。

在沙发旁预先设置好影像讯号线，只要坐在沙发上就能轻松将笔记本电脑中的照片，经由电视显示播放，非常方便。

状况 2 我家客厅的升降式投影布幕，下降时会卡到喇叭，是哪里没有规划好呢？

| 解决提案 |

在规划视听设备的相关摆放位置时，一定要事先确定各项设备的尺寸，并测量好距离，才不会发生升降式投影布幕下降时，挡住电视、前置中置喇叭及设备柜柜门开启等，特别一提的是，如果选用挂壁式喇叭，布幕下降的位置也不能挡住喇叭，以免阻挡声音传递。此外，若临时或日后需要更换设备，也必须得注意尺寸要在计划范围内，避免被布幕挡到。

升降式投影布幕与电视、喇叭、设备柜柜门的对应位置，都应该在事前规划妥当，以免发生布幕下降挡住设备或门板开启的状况。

状况3 我家现在只需要单纯的三台频道，但日后如果要增加怎么办？

| 解决提案 |

现在越来越多人使用无线电视来观看节目，即使目前用不到，建议最好将需求先纳入考虑。电视及视听设备柜端，预留提供网路讯号，至于数字电视应预留出线至户外，并找出最佳的接收讯号位置，日后无论要安装无线电视或其它设备都很方便。

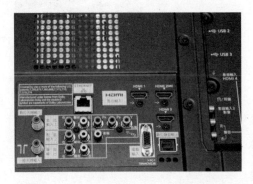

现代人的生活已经离不开网络，因此视听设备也必须提供各式不同的讯号线，以便应对日后装设无线电视的需求。

状况4 每到夏天，我家的投影布幕因为被冷气吹到，飘动下就有了自动的"3D"效果，这种状况在装修时可以避免吗？

| 解决提案 |

投影布幕和空调出风口之间的位置和距离，在设计时细心一点规划、测量、计算，就能避免布幕被吹动的情形。如果出风口是下吹式，应距离布幕至少60厘米，如果是侧吹式（也就是直吹式），则出风口不可直接指向布幕，如此一来即可免除困扰了。

装修设计时，应视空调出风口的形式规划与布幕之间的距离，下吹式要距离布幕至少60厘米，侧吹式（直吹式）则不可指向布幕。

PLUS 06 | 灯具

居家灯光规划在于自然光源与人工光源的交互运用，呈现最完整充分的光源设计，当自然光线的照面不足，则须以人工光源辅助加强，相互调配达成互补。不论是自然光线或人工照明，皆是空间照明计划的重点，二者必须同时进行思考，才能满足基本使用功能并兼具美学设计。

注意事项

Point1：LED 灯并不适合全室使用

LED灯虽然环保省电，但却属于没有聚焦性的散光，它运用于一般普照性的空间照明，但如果想要让灯光聚焦在某个物件上，如画作或收藏品，LED便无法达到突显主角的效果。

Point2：防眩光嵌灯要留意天花板高度

由于防眩光嵌灯的灯泡减少，灯的厚度会增加，因此需要较大的空间安装，所以在规划前要先了解灯具设备的尺寸，测量好天花板的净高尺寸，才不会在安装时才发现高度不足。如果没有事先预留好高度，只好迁就天花板净高，选择不那么适合的灯具，造成灯具眩光刺眼及不美观的结果。

LED灯的优点是节能省电，但因光线属于无法聚焦的散光，若想达到突显物件的效果，则无法适用。

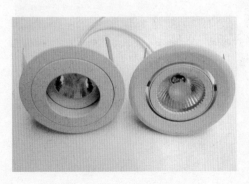

灯泡内缩的防眩光嵌灯，需要较大的空间装设，规划前记得要先测量好灯具及天花板净高尺寸。

Point3：防眩光嵌灯提供柔和灯光

嵌灯的光束特别强，常容易发生光线刺眼的眩光现象，因此可使用灯泡向内减少，或有遮光罩的防眩光嵌灯，让光线不会照到眼睛，灯光也变得柔和舒适。

光束特别强的嵌灯，藉由灯泡内缩或加上遮光罩之后，就有了防眩光的效果，能让光线变得柔和舒适。

Point4：灯泡可分为省电型和耗电型

灯具的亮度和所需电量，决定自灯泡，灯泡可分为省电型和耗电型，前者如LED灯，后者如卤素灯。随着环保概念盛行，使用LED灯已经成为趋势，价格虽然较贵，但使用寿命长且不发烫，夏天更可省下部分空调费用，整体而言是省电又省钱的选择。

灯泡的款式众多，大致可分为省电型和耗电型，目前则以环保节能的LED灯最为盛行。

Point5：舒适光线来自正确的角度和位置

灯具照射下来的光线，若角度和位置不对，会使人感到不舒服，想要制造舒适的光线，应该避免光线直接投射在人的头顶上或照射眼睛，而常见的间接照明就是提供舒适照明的设计手法之一。

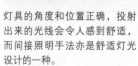

灯具的角度和位置正确，投射出来的光线会令人感到舒适，而间接照明手法亦是舒适灯光设计的一种。

状况 1　我家不是大面积的豪宅，也可以装设灯光控制系统吗？

| 解决提案 |

不管房屋新旧及面积大小，都可装设灯光控制系统，它除了有情境照明功能之外，还可以结合环控系统，连同空调、监视器、视听娱乐设备等一起整合控制，并能组合各种情境模式，依需求设定光线亮暗等，操作简单方便还能达到省电目的，但由于配线较复杂，在规划时一定要先出线路图再施工，且要慎选品牌及稳定度，日后维修才有保障。

状况 2　家里的不同空间，应该要配合怎样的灯具？

| 解决提案 |

灯具的主要功能在于照明，普遍性的基本照明以提供亮度为主，重点性的功能照明则是针对不同需求而有所差异，例如：阅读时选择立灯，需要强调、突显画作或收藏品等物件时，则可选择投射嵌灯。

依据不同的空间和用途，灯具的选择也会随之改变，在灯具散发出不同光线下，空间氛围也会变得不一样。

状况 3　我家有一些灯需要用到变压器，要如何把丑丑的变压器藏起来，又好维修呢？

| 解决提案 |

家中的插座通常为 220V，当灯具所使用的灯泡为 24V 时，就需要使用变压器，像是衣柜内的吊衣杆灯或天花板的嵌灯，为了美观和安全，变压器可摆放在灯具附近，或靠近天花板检修口，亦可就近在柜子设计隐藏门，达到收纳和便于维修的功能。

灯具使用24V的灯泡时，需要使用变压器，其置放的位置最好是能就近维修又可隐藏收纳的地方。

Chapter 06

1分钟搞懂空气对流原理，从此住得舒适又凉爽

空调工程

空调简称为 AC（Air Conditioning），凡与室内空气调节相关的工程，都可称之为空调工程，在功能上包含了冷气、暖气、除湿等。空调工程因为需要安装冷媒管、排水管、室内机等设备，因此必须在木作工程前先安装，才能确保将这些管线、机器被木作包覆好，不影响室内空间的美观。吊顶式空调还必须考虑回风口、维修口的规划，才不会导致空气对流不佳，空调效能无法发挥甚至日后无法维修等状况。

若在设计之初，没有将空调系统纳入计划，未来势必将以"明管"的方式规划，建议可先预留管线及室内机的开口位置，暂时不安装室外机与室内机，这样一来以后要装设空调机器时，就能少掉一笔花费，也不至于影响美观。

空调工程流程图

要点 1 空调工程，必须知道的事！

1 施工前要先拟定好空调施工规划，预留适当空间放置机器及考虑维修状况，并留意天花板高度及排水管坡度等。

2 吊顶式空调的施工和前后工程有关，最好由设计师统一发包较佳，若自行发包必须和设计师沟通好，事先规划以减少日后施工配合出现的问题。

3 空调系统试机应等所有工程完工后再测试，才不会吸入现场工地的粉尘，导致机器故障。

要点 2 速查！名词解释

挂壁式：属于分离式空调的一种，主机位于室外，室内机则裸露于空间中，较不美观，但保养维修方便。

吊顶式：属于分离式空调的一种，主机同样位于室外，室内机隐藏于天花板中，较为美观。

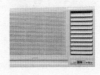

窗式：属于传统式的空调种类，现在已经很少有人使用了，除了机型老旧、噪音大、耗电之外，在空调预留孔的收边难以密合，容易导致渗漏水。

要点 3 空调工程的核查工作！

挂壁式	先拟定空调施工规划，包含预留适当空间放置机器，留意天花板高度及排水管坡度等。	☐
	冷媒管不宜拉太长，以免冷媒填充不足，影响使用效能。	☐
	位于温泉区或海边盐份较高的房子，则设备及管线要作好防氧化、腐蚀的工作，避免影响设备寿命。	☐
	外露管线记得要包覆，室内以木作遮蔽，室外则要加做管线、保护外罩。	☐
	所有工程完工后再试机，才不会吸入工地的粉尘。	☐
	验收试机时，至少要测试 4 小时，才能观察是否有问题或排水是否顺畅无渗漏。	☐
	冷度若有争议，可请厂商携带温度计，至风口测试温度。	☐
吊顶式	施工和前后工程有关，若自行发包必须和设计师沟通好，事先规划才能减少日后使用出问题。	☐
	排水管在砌砖墙时就必须埋入，深度正确才不会被后续工程敲到管线，同时也要注意泄水的坡度。	☐
	室内机需要包覆在天花板内，在规划时必须事先考虑好出风的方式及位置。	☐
	出风口最好是直吹（通常为侧吹），因为设备到出风口的距离越短，效能最佳。	☐
	回风口的位置应在机器周围，避免安排在出风口距离太近的位置，而影响空调的效能。	☐
	因为机器包覆于天花板中，记得检查有没有预留维修孔，及位置是否正确。	☐
	室内机隐藏于天花板，从外面看不到设备，清洁上必须请专业厂商处理。	☐

01 施工保护工程
02 拆除工程
03 泥工工程
04 铝窗工程
05 水电工程
06 空调工程
07 木作工程
08 组合柜工程
09 油漆工程
10 木地板工程
11 玻璃工程
附录

1. 挂壁式

等了半天冷不了，问题出在管线拉太长

别担心！ 做对施工，一步步来 **OK**

步骤 1 | **拟定空调施工规划**

拟定空调施工规划，包含预留适当空间放置机器，留意天花板高度及排水管坡度等。

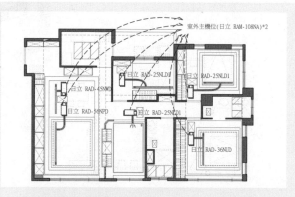

室外主机位(日立 RAM-108NA)*2
日立 RAD-25NLD1
日立 RAD-25NLD1
日立 RAD-45NWD
日立 RAD-56NPD
日立 RAD-25NLD1
RAD-36NUD

步骤 2 | **配排水管、冷媒管**

监工 冷媒管不宜拉太长，以免冷媒填充不足，影响使用效能。

监工 外露管线记得要包覆，室内以天花板遮蔽，室外则要加做保护，美观又避免风吹雨淋。

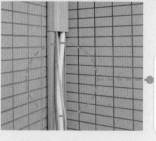

Tips: 冷媒管的选用要注意，管壁厚可避免氧化、腐蚀，尤其位于温泉区的房子更要留意。

01 施工保护工程

02 拆除工程

03 泥工工程

04 铝窗工程

05 水电工程

06 空调工程

07 木作工程

08 组合柜工程

09 油漆工程

10 木地板工程

11 玻璃工程

附录

步骤 3

安装主机 & 室内机后进行测试

安装好主机及室内机，切记要做测试。

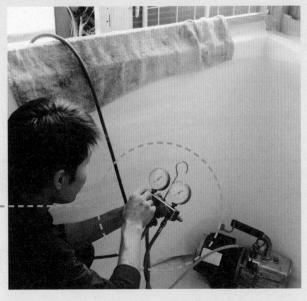

Tips: 应等所有工程完工后再试机，才不会吸入现场工地的粉尘。

完成

挂壁式空调工程，完成！

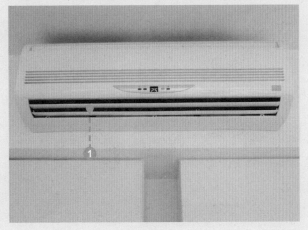

 冷度需要自行感觉，若有争议可请厂商携带温度计，至风口测试温度。

验收2 注意有没有抽掉空气，呈现真空状态，以免空气残留在内造成影响。

验收3 要注意排水管是否畅通，建议至少要测试 4 小时，才能观察是否有问题。

别担心！ 做对施工，一步步来 OK

 步骤 1 **拟定空调施工规划**

拟定空调施工规划，包含预留适当空间放置机器，留意天花板高度及排水管坡度等。

> **Tips:** 由于吊顶式空调的施工和前后工程有关，若自行发包必须和设计师沟通好，事先规划才能减少日后机器出问题。

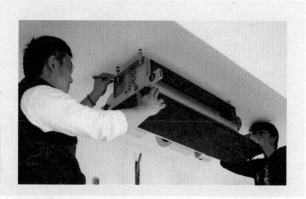

 步骤 2 **配排水管、冷媒管**

监工 若要走明管，同时无法解决排水的问题，这时可加装强制排水器帮助排水，但美观上则大打折扣。

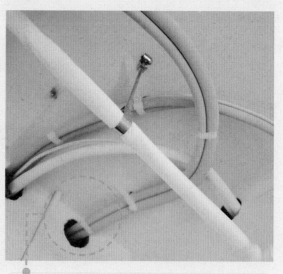

> **Tips:** 吊顶式空调的排水管在砌砖墙时就必须埋入，深度要正确才不会被后续工程敲到管线，同时也要注意自然泄水坡度。

步骤 3 安装室内机后封板

Tips: 吊顶式空调因为需要包覆在天花板内，因此安装必须配合装修工程进行。

步骤 4 设置风管及风箱，再安装主机进行最后测试

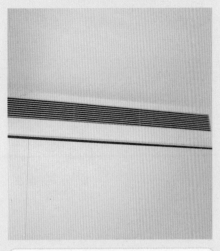

Tips: 吊顶式的主机要和风口距离近一点，效能才不会因风管拉得太长而受影响。

完成 吊顶式空调工程，完成！

 吊顶式空调的机器因为包覆于天花板中，记得检查有没有预留维修孔。

验收 2 要注意排水管是否畅通，建议至少要测试 4 小时，才能观察是否有问题。

01 施工保护工程
02 拆除工程
03 泥工工程
04 铝窗工程
05 水电工程
06 空调工程
07 木作工程
08 组合柜工程
09 油漆工程
10 木地板工程
11 玻璃工程
附录

Q "挂壁式"和"吊顶式"的差异在哪？要如何选择？

A：最主要的差异在于外观、出风口及清洁三方面，挂壁式的室内机裸露在外，风口的出风方式可以以遥控方式设定，可自行简易清洁；吊顶式的室内机隐藏于天花板，从外面看不到设备，风口因为无法自行调整，所以在规划时必须考虑出风方式及位置，且清洁上必须请专业厂商处理。基本上，加入施工及设备因素两者价格差距不大，要如何选择可视个人喜好决定，从美观、清洁等因素着手考虑。

吊顶式

挂壁式

Q 何谓"铣洞"？

A：铣洞即为钻洞，是为了走冷媒管及相关管线所需，通常是因为老房子没有预留，或新建房有留但位置不符使用，而需要进行铣洞。在铣洞过程中，会加水减少粉尘带来的影响，因此使用的钻孔机器会有注水和回收水两条管子，才能尽量避免造成壁面、地面脏乱。

在铣洞时要注意该位置附近有无管线，以免钻到管线造成灾害。此外，在外墙配管穿孔时，也要注意应掌握"外低内高"的原则，并加装管帽，避免户外的水流入室内。

01 施工保护工程

02 拆除工程

03 泥工工程

04 铝窗工程

05 水电工程

06 空调工程

07 木作工程

08 组合柜工程

09 油漆工程

10 木地板工程

11 玻璃工程

附录

Q 空调的出风口有最佳形式吗?

A：任何形式空调的出风口以不直吹到人为主，吊顶式空调的出风口，最好是直吹（一般为侧吹），因为设备到出风口的距离越短，效能最佳，若为下吹，则因为转折，效能将相应打折。

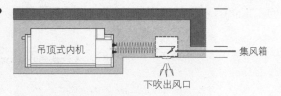

吊顶式内机　集风箱
下吹出风口

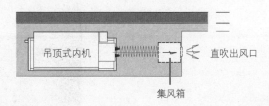

吊顶式内机　直吹出风口
集风箱

Q 什么是"回风口"?

A：空气需要对流循环才能运作，因此有出风口就必须要有回风口，回风口的形式可分为三大类：

（一）出风口兼回风口：长型出风口在出风后可再回风，但前提是长度必须够长。

（二）独立回风口：当出风口面积不足时，会在其对面加设回风口。

（三）维修孔兼回风口：此设计虽然效能较好，但不够美观，因此居家空间少用。

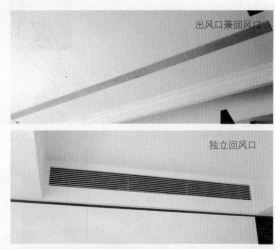

出风口兼回风口

独立回风口

维修孔兼回风口

Q 回风口的位置要如何安排?

A：回风口的位置应在机器周围，尽量和出风口距离远一些，避免安排在转角或距离太近的对面位置，以免送出去的冷气立刻被回风吸回，导致室内无法达到理想温度。大空间所需设备也大，会占掉回风口面积，因此可多规划一个专用回风口让对流更好，以提升冷气效能。

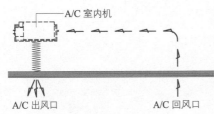

A/C 室内机

A/C 出风口　　　　　A/C 回风口

Q 铣洞该注意什么?

A：有些铣洞后通往户外的管道出口，可套上外罩并加上纱网阻绝蚊虫沿着管道进入室内，也多了一分过滤作用，每隔一段时间可感受一下出风或抽风力道是否正常，并记得要常使用、定期清洁及检查，以免被异物卡住，影响效能。

01 施工保护工程

02 拆除工程

03 泥工工程

04 铝窗工程

05 水电工程

06 空调工程

07 木作工程

08 组合柜工程

09 油漆工程

10 木地板工程

11 玻璃工程

附录

注意 **Q** **QA 解惑不犯错**

Q 如何知道多大的空间需要多大功率的空调设备？

A：空调的功率不应该只以面积大小为准，必须考虑空间是否有特殊状况，如：西晒、顶楼、挑高等，尤其超高空间更要以容积而非面积决定空调功率。

一般可按下面公式计算房间所需制冷量和制热量（制冷量＝房间面积 ×140W~180W；制热量＝房间面积 ×180W~240W）。

空调功率适用面积对照表		
制热／冷量（W）	**匹（P）**	**面积（M²）**
2200 ／ 2300	小 1	10 — 15
2500	1	12 — 17
3200	小 1.5	12 — 18
3300	小 1.5	16 — 24
3500	1.5	16 — 25
4500	小 2	20 — 32

被骗了　看清真相，小心被骗

状况1 我有两间房子，一间装的是挂壁式空调，一间是吊顶式，各该如何清洁保养呢？

| 解决方案 |

挂壁式空调因外露、看得到，可自行清理滤网、擦拭机身，但室外机也要定期请专业厂商清理，以确保使用效能；吊顶式空调被包覆在天花板内，无法自行清洁，须请专业厂商清洁，建议在每年夏天使用前进行清理，若长时间不清理，会减短机器的使用寿命。

状况2 我家要装吊顶式空调，室内机应该放在哪个位置才好呢？

| 解决方案 |

室内机的位置应配合天花板设计，必须预留足够的高度及空间，才不会与机器产生共振，以致使用时发生声响，因此最好避免将室内机吊挂在主要空间，以免降低天花板高度，安排在过道等次要空间为佳；维修孔的位置则要在机板、马达附近，因此室内机的位置若太靠近墙壁，就需要移位才行了。

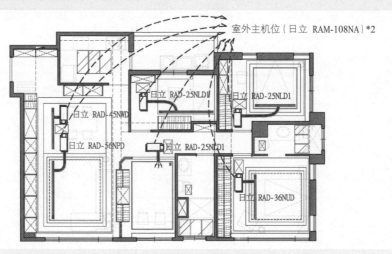

状况 3　**我想减少空调使用，省钱也环保，有哪些设计能做到？**

| 解决方案 |

完善的设计规划确实能降低冷气使用率，首先是空调的摆放位置，出风范围应只在固定空间吹送，冷暖气才不会跑掉；家中若有西晒问题，则要加大空调的功率，才不会因为温度一直达不到设定值，导致压缩机不断转动；另外可装设窗帘或使用有色玻璃，以隔绝热气，减少耗能；在空间设计上，厨房可加装拉门阻隔热源。

错误位置摆设

加装玻璃拉门，阻隔热源。

装设窗帘减少耗能。

状况 4　**我家的室外机装在顶楼，要如何避免雨水倒灌进呢？**

| 解决方案 |

为了避免雨水沿着管线流入室内，在施工时要先将管线下弯反折后再向上，如此一来，雨水会在下凹处先流掉，就不会造成漏水状况了。

案例1 不让挂壁式冷气破坏美感

原房子状况：空调以挂壁式为主
业主需求：不要让室内机破坏居家美感

重新设计：挂壁式空调是一般家中常见的设备形式，但体积庞大的室内机却往往成为空间中突兀的焦点，但只要借由设计手法预先规划好摆放的位置，挂壁式空调并不会破坏美感，是可以与整体风格相融的。

案例2 空调规划需考虑窗户位置

原房子状况：房间空调效能不如预期凉爽
业主需求：希望提升空调效能
重新设计：空调的冷房效能除了和空间大小有关，与窗户的位置也有影响，例如：西晒问题，由于阳光会提高室内温度，因此空调必须加大功率，或是在窗户加装遮阳窗帘，才能让空调效能达到理想值。

案例 3 避免出风口直接对人吹送

原房子状况：原本空间使用挂壁式空调

业主需求：整个房子更换为吊顶式空调

重新设计：吊顶式空调与挂壁式空调的出风方式不同，且无法任意调整出风方向，因此在规划出风口位置时，必须考虑"人"的因素，避免出风口吹送时直接吹向人坐的区域，造成不适感。

案例 4 出风口位置影响空调效能

原房子状况：原有空调规划不当，导致效能不明显

业主需求：希望将冷暖气效能提升至最高

重新设计：将室内机隐藏于天花板中的吊顶式空调，解决了大型机体破坏美观的缺点，不过要特别注意出风口的位置，若没有适当规划，效能容易降低，使室内温度无法达到预期理想。

01 施工保护工程
02 拆除工程
03 泥工工程
04 铝窗工程
05 水电工程
06 空调工程
07 木作工程
08 组合柜工程
09 油漆工程
10 木地板工程
11 玻璃工程
附录

Chapter 07

小心板材被偷天换日，
施工被偷工减料
木作工程

木作工程包含了天花板、柜子、木作隔间及壁面封板等部分，可说是一般装修工程中，占预算配比最多的项目。除了木作本身，在工程进行时，电器设备的管线配置也可同时与木作配合，例如：可将悬吊喇叭的管线埋藏在天花板中、鞋柜内可装设抽风机、衣柜内可装设灯光及开关、电器柜内可预留插座等，这些都是木作才有的优点，此外，木作还有造型可随心所欲变化、能 100%量身定做的优势，都是现成家具无法做到的。

贴皮也是木作工程不可缺少的环节，但是天然木皮的色差大，施工时要注意的环节比较多，倒不如选用人造木皮，因为在木皮后贴上了无纺布（是指非织造布，是一种不需要纺纱织布而形成的织物，具有防潮、透气、柔韧、质轻、不助燃、容易分解、无毒无刺激性、色彩丰富、价格低廉、可循环再用等特点），遇到胶不会变色，也不容易发生木皮出现裂纹的状况。

>> **木作工程流程图**

天花板 p.158 >> **隔间** p.166 >> **柜子 & 门板** p.172

要点 1 木作工程，必须知道的事！

1 投影机、空调等有需要预留维修孔之处，应在事前先行规划，日后维护才方便。

2 木作封板时，一定要使用防火的硅酸钙板，不可使用夹板，以免造成居家危险。

3 木制柜的门板是否顺手好用，吊衣杆的高度是否符合人体工学，是验收时必须检查的重点。

要点 2 速查！名词解释

木芯板： 上下为薄夹板，中间则是硬度较差的木材，是木作常见使用的板材。

夹板： 由一层层薄板堆叠、胶合压制而成，强度、韧性较好，价格也较贵。

密底板： 由回收木材废料制成的木屑粉胶合热压制成，抗潮力差，但表面光滑，适合喷漆使用。

要点 3 木作工程的核查工作！

天花板	角料下密一点较稳固，但也无须过密，避免多花钱、多花工时。	☐
	使用硅酸钙板封板时，板材和板材之间需预留 2～3 毫米的间距。	☐
	封板板材间可打斜角，做为伸缩缝与填充 AB 胶之用，日后较不易产生裂缝。	☐
	排水管、投影机等处要预留维修孔，事先应留好尺寸及位置，以减少未来的维修难度。	☐
隔间	角料建议选用 1.8 寸的为佳，稳固度较佳。	☐
	可在角料的前后各多加一层 6 分板，再铺上吸音棉，提升隔音效果。	☐
	隔间封板的面一定要使用防火的硅酸钙板，不可使用夹板。	☐
	可用手或榔头轻敲墙面，听听声音，感受隔间是否扎实。	☐
	将开关或插座的面板拆开，确认隔间内所使用的板材是否确实。	☐
木制柜&门板	裁切木板及组装柜体时要注意垂直、水平，完成后才不会歪斜。	☐
	为了美观并避免污垢及虫蚁藏匿，柜体与墙面之间缝隙应填补。	☐
	吊挂电视的厚板，建议使用两片 6 分板加强承重力。	☐
	柜子的门板、吊衣杆、抽屉、拉篮、滑轨、把手等，都必须亲自试用。	☐

01 施工保护工程
02 拆除工程
03 泥工工程
04 铝窗工程
05 水电工程
06 空调工程
07 木作工程
08 组合柜工程
09 油漆工程
10 木地板工程
11 玻璃工程
附录

1. 木作天花板

事前预留维修孔，事后维修好方便

別担心！ 做对施工，一步步来 OK

步骤 1 **激光水平仪找出水平后放样**

设计师与工人在现场讨论后，以激光水平仪找出水平后放样。

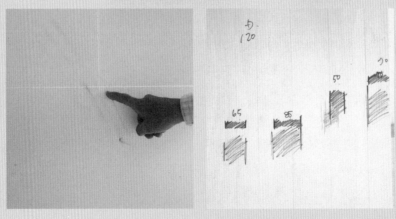

步骤 2　利用角料建构骨架

利用角料建构骨架，在间距约每4厘米的位置下一根角料。

Tips: 角料下密一点相对会比较稳固，但过密也没有太大作用，反而多花钱、多花工时。

步骤 3　角料下完之后，进行封板

封板通常会使用硅酸钙板，板材和板材之间需预留2～3毫米的间距，或打斜角做为伸缩缝与填充AB胶之用。

Tips: 打斜角的方式可使AB胶的接触面积大，较好填胶，日后也比较不容易产生裂缝，所以会比留缝方式好。

01 施工保护工程
02 拆除工程
03 泥工工程
04 铝窗工程
05 水电工程
06 空调工程
07 木作工程
08 组合柜工程
09 油漆工程
10 木地板工程
11 玻璃工程
附录

步骤 4 **刮腻子后油漆工程**

表面刮腻子之后，准备进行
油漆工程。

Tips: 油漆的品质攸关着最后的成
败，但是木工的水准未达到要求，
再好的油漆品质也补救不回。

 完成 **木作天花板，完成！**

验收 有需要预留维修孔的地方，
如：倒吊排水管、投影机等，
必须事先留好尺寸及位置，以减少未
来的维修难度。

01 施工保护工程
02 拆除工程
03 泥工工程
04 铝窗工程
05 水电工程
06 空调工程
07 木作工程
08 组合柜工程
09 油漆工程
10 木地板工程
11 玻璃工程
附录

Q 天花板可分为哪些形式？

A：天花板的形式主要可分为两大类：平顶天花板和造型天花板。

平顶天花板：将天花板拉平封板后，不再做特别的造型，是较为简易的木作天花板。

造型天花板：多为配合间接照明而设计的天花板，设计造型多元且富变化性，可视设计师与业主的喜好规划。

平顶天花板

造型天花板

Q 角料的作用为何？有何重要性？

A：角料是用来固定天花板和建筑物楼板之间的衔接面的，所以一定要确认接合才行，否则天花板会产生裂缝，严重的可造成下陷。为了确保角料的固定，打钉和黏白胶这两步骤不得马虎，打钉若不确实，会出现凸钉的状况；白胶的量也要够厚且均匀，建议均匀上胶后以点放式施工，接触才够完整。

Q 天花板的消防感应器及洒水头要如何处理？

A：确认天花板的消防感应器及洒水头已经拉下，是最重要的步骤，应在丈量时就先做好纪录、标示清楚位置，等到木作时再确认一次，若因配合设计需要封板，封板后也要再次检查两者有无出现在正确位置。特别提醒一点，消防感应器在施工期间应以专用盖包覆好，以免误发警报讯息，造成不必要的慌乱。

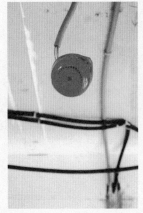

状况1 我家要装设吊灯和挂壁式室内机，天花板会不会无法承受而塌陷？

| 解决方案 |

吊灯的重量若是很重，只单靠天花板支撑，可能会有承载力不足的问题，建议不妨在天花板内多封一层6分底板，并增加垂直向的角料，将重量分散至钢筋混凝土墙上，增加承重量，同时也可避免灯具锁不到角料，所造成的安全疑虑；至于挂壁式室内机通常会架设在天花板与隔断墙之间，可在机器后方以6分底板加强，增加承重力、加强载重。

状况2 我家的间接照明为了防灰尘而设计了间照平台，但某天却冒出烟来了，为什么会这样？

| 解决方案 |

间接照明最为人诟病的就是清洁不易，因此可以在间照处封板，以利清洁及防止灰尘堆积，但这部分因为直接与灯光热源接触，若只考虑好清洁而选用燃点低的材质，就会有引起危险的可能性，因此必须慎选材质，才不会发生居家意外。

状况3　**我家的天花板打算贴玻璃装饰，可以直接黏贴在硅酸钙板上吗？**

| 解决方案 |

由于硅酸钙板为粉质材料，玻璃黏贴上去有掉落疑虑，因此必须再多加一层夹板，底板建议至少要为4分，黏贴时的附着力才会较佳。此外，玻璃的固定一般为化妆螺丝配合硅利康固定，但若考虑美观，不打算用螺丝固定，则可以用单侧嵌入卡榫方式配合硅利康来固定。

状况4　**我很担心天花板的漏水问题，有没有什么预防措施可以做呢？**

| 解决方案 |

无论是预防性的担心天花板漏水，或是已经有漏水问题但无法解决，例如：楼上邻居不愿维修、公用铸铁管老旧锈蚀等，都可以在做天花板前，事先规划预留空间放置预防漏水盘，建议可于排水管处安放，达到全面不漏的防渗漏效果，当然也别忘了留好检修口，以便有状况随时可查看。

01 施工保护工程
02 拆除工程
03 泥工工程
04 铝窗工程
05 水电工程
06 空调工程
07 木作工程
08 组合柜工程
09 油漆工程
10 木地板工程
11 玻璃工程
附录

案例1 天花板可和墙面呼应延伸

原房子状况：墙壁与天花板使用不同材质
业主需求：希望空间能更有一致性

重新设计：天花板的设计变化很多元，材质选择也很丰富，透过使用与壁面相同的材质，将天与壁连成一气，促成完整的空间线条延伸，也借由材质串联、相互呼应，简化了材料元素，增添了风格一致性。

案例2 善用材质有助于放大空间

原房子状况：天花板为常见的木作
业主需求：想在天花板做一些趣味性的变化
重新设计：天花板不只有四四方方的木作做法，也可以选择其他材质塑形制作，例如将餐厅的天花板搭配餐桌，设计为圆弧造型，并选用具反射特质的镜面为材，加大空间感也提亮餐厅光线。

案例 3 天花板材质可使用美耐板

原房子状况：浴室天花板因潮湿而发霉
业主需求：希望浴室天花板不发霉、好清洁
重新设计：潮湿的浴室空间最容易发霉，木作天花板自然也不例外，建议可将天花板材质换为美耐板，不但具有防霉效果，也易于清洁，能有效降低居家打扫的负担。

案例 4 利用天花板设计隐藏横梁

原房子状况：主空间中有一支大梁穿越
业主需求：希望能消弥横梁的存在感
重新设计：梁柱是构成空间的主要结构，在无法更动的情况下，可以透过天花板加以修饰，让横梁变成特色设计的一部分，不仅如此，中间的空间也可用来隐藏空调设备。

01 施工保护工程
02 拆除工程
03 泥工工程
04 铝窗工程
05 水电工程
06 空调工程
07 木作工程
08 组合柜工程
09 油漆工程
10 木地板工程
11 玻璃工程
附录

2. 木作隔间

贪一时的便宜，小心隔音效果很糟糕

别担心！ 做对施工，一步步来

OK

步骤 1 **现场讨论**

设计师与工人在现场讨论后，以激光水平仪找出垂直后放样。

步骤 2 **建构骨架**

利用角料建构骨架，在适当且正确的间距下一根角料，一般从 40 ~ 67 厘米都有，依据板材及隔间高度的厚薄而定。

Tips: 角料建议选用 6 厘米为佳，稳固度较佳。

步骤 3 | 塞入吸音或隔音材料

在角料与板材之间塞入吸音或隔音材料。

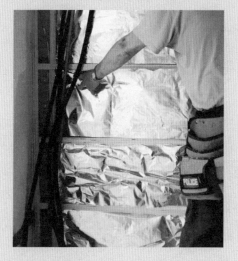

> **Tips:** 若想提升隔音效果，可在角料的前后各多加一层 6 分板，再铺上吸音棉。

步骤 4 | 进行封板

角料与吸音或隔音材料铺设完成之后，进行封板。

> **Tips:** 封板一定要使用防火的硅酸钙板，不可使用夹板，夹板的成本虽低却不防火，会造成居家危险。

完成 | 木作隔间，完成！

验收 1 可用手或榔头轻敲墙面，听听看声音是否扎实。

验收 2 也可以将开关或插座的面板拆开，确认里面所使用的板材是否真材实料。

01 施工保护工程
02 拆除工程
03 泥工工程
04 铝窗工程
05 水电工程
06 空调工程
07 木作工程
08 组合柜工程
09 油漆工程
10 木地板工程
11 玻璃工程
附录

QA 解惑不犯错

Q 木作隔间可分为哪些种类？

A：传统的木作隔间仅利用角料和夹板组合，方便快速但隔音效果差，就算加了隔音棉，效果也有限，相对施工费用也便宜；比较好的木作隔间会先封　层4~6分夹板或木芯板再加一层硅酸钙板，不但防火也加强了隔音效果及隔间的扎实感，再加设隔音棉，隔音效果会比传统木作间更好，当然施工时间和成本自然也会较高。

Q 木作隔间的扎实度为什么重要？

A：木作隔间的扎实度影响隔音效果的好坏，越扎实当然隔音效果越好，接缝处也不易产生裂痕，不过砖造隔间当然还是最好的，因此书房、主卧、浴室、厨房等需要安静，或有使用到水及火的区域，若是要使用木作隔间，最好还是审慎评估。

Q 哪些板材适合用来施工木作隔间？

A：木作隔间除了表面的硅酸钙板之外通常会使用木芯板或夹板来配合强化隔间，木芯板上下为夹板，中间通常是家具加工厂或夹板工厂裁板时剩余的小块剩料，以热压机压制而成，而夹层为多层的薄板堆叠胶合制成，这两种板材其钉合力较佳，不易变形，也具有隔音效果，因此多被使用于木作隔间。

01 施工保护工程
02 拆除工程
03 泥工工程
04 铝窗工程
05 水电工程
06 空调工程
07 木作工程
08 组合柜工程
09 油漆工程
10 木地板工程
11 玻璃工程
附录

被骗了 **看清真相，小心被骗** ✕

状况 1　**我家的木作隔间让工人师父用的 6 分板，但为什么隔音效果还是不太好呢？**

| 解决方案 |

木作隔间的板材要使用加强厚板，才能达到更好的隔音效果，所谓的厚板指的是 4 分板或 6 分板，如果是房间隔间，一定要告知工人必须用到 "足" 6 分，若没有特别强调 "足" 字，有可能会不到 6 分而不够厚，导致隔音效果变差，当然木隔间内是否有铺设吸音棉，也是攸关隔音效果的一项重要因素。

状况 2　**我家的木作隔间要装隔音棉，隔音棉分等级吗？**

| 解决方案 |

隔音棉确实有等级之分，通常外包装上会标示。隔音棉在装设时必须填实、饱满，不可松散有间隙，由于铺好之后会被包覆，完工后是看不见的，因此可请设计师拍摄包覆过程的照片，以便确认验收。

案例 1 运用线板达成风格精神

原房子状况：没有任何装饰的素面隔断墙
业主需求：壁面也要符合新古典风格

重新设计：隔断墙的主要功能虽然是区隔空间，但还是必须与居家风格搭配，才能拥有整体性。没有装饰的素面墙适合大多数风格，但若是新古典风格，就不够到位了，应使用线板修饰壁面，呼应风格精神。

案例 2 玄关屏风也是隔间的运用

原房子状况：进门即看穿整个空间
业主需求：想让空间保有适当的隐密性
重新设计：隔间不只可以做为区隔空间的墙面，玄关屏风也是隔间运用的一种，屏风的功能除了分界内外，也有环境变化上的考虑，此外，借由屏风设计更可让人一进门就感受业主品味，突显个人特色。

案例 3 玻璃隔间要做好防护措施

原房子状况： 原为不透光的砖墙隔间

业主需求： 希望卧室能有明亮的光线

重新设计： 卧室床后为更衣室，之间的隔断墙采用玻璃材质，不但能引入采光，也可增加与更衣空间的互动性，并降低压迫感，但必须做好防护措施，如：贴上强化膜贴纸、加装金属拉杆补强等，提高玻璃的安全性。

案例 4 赋予隔断墙活泼与功能性

原房子状况： 仅有隔间用途的大面墙壁

业主需求： 希望墙面也有实用功能

重新设计： 隔间可以不只是隔间而已，在壁面上运用不同材质制造深浅跳色的层次感，笨重的隔断墙顿时变得活泼，再将收纳设计的概念融入其中，立即增加了实用功能性，让隔间用途更多元。

01 施工保护工程
02 拆除工程
03 泥工工程
04 铝窗工程
05 水电工程
06 空调工程
07 木作工程
08 组合柜工程
09 油漆工程
10 木地板工程
11 玻璃工程
附录

3. 木制柜、门板

做好记得测试，免得事后好看不好用

别担心！ 做对施工，一步步来

制作柜体

制作柜体，并将柜体固定于墙面或地面。

Tips: 裁切木板时要注意垂直、水平，才不会导致柜体歪斜。

填补缝隙

填补柜体和墙面之间的缝隙。

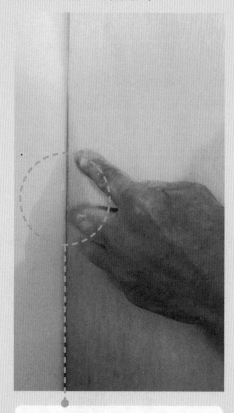

Tips: 填补缝隙除了美观之外，主要功能在于避免污垢及虫蚁藏匿。

(步骤 3) **制作配件**

制作门板、抽屉、层板等配件。

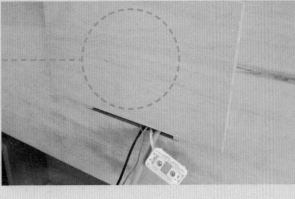

Tips: 需要吊挂电视的电视柜，建议使用两片 6 分板加强承重力，借由封厚板的方式达到支撑与安全目的。

01 施工保护工程

02 拆除工程

03 泥工工程

04 铝窗工程

05 水电工程

06 空调工程

07 木作工程

08 组合柜工程

09 油漆工程

10 木地板工程

11 玻璃工程

附录

步骤 4 **细节调整**

进行安装及细节调整。

完成 **木制柜＆门板，完成！**

验收 1 柜子的门板是否顺手好用，吊衣杆的高度是否符合人体工学除了设计师应注意外，业主也可模拟完工后的位置及高度确认是否符合个人需求。

验收 2 柜内抽屉、拉篮、滑轨的数量、把手的型式等是否正确，使用起来是否顺畅，都是检查重点。

01 施工保护工程

02 拆除工程

03 泥工工程

04 铝窗工程

05 水电工程

06 空调工程

07 木作工程

08 组合柜工程

09 油漆工程

10 木地板工程

11 玻璃工程

附录

Q 柜子为何要使用立柱收边？

A：位于门板后的柜子和门板相接触时，会发生碰撞到铰链或卡到门、导致抽屉打不开等状况，因此可在两者交接处利用与柜体同材质的立柱收边，就能避免问题了。

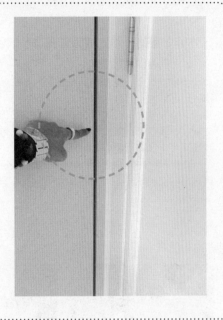

Q 柜内空间的尺寸要如何规划？

A：在设计规划时应先与业主沟通、讨论，依照需求及习惯预留空间，尤其是已有或计划要添置的大型固定物件，如：防潮箱、保险箱，需要留意箱门开启后的厚度，是否会撞击到柜门铰链，还要记得多留一些空间容纳凸出来的插头，如果真的忘记预留插头空间，则可考虑使用可旋转90度的插头补救。

Q 木作贴皮施工时，有哪些注意事项？

A：木作贴皮要经过裁切→贴皮→修边→打磨等步骤，每个步骤都得仔细谨慎，日后才不会出现掀角。

要避免造成掀角，上胶的位置一定要确实涂抹到位，通常会在木皮与柜边皆涂抹，并等胶呈现半干状态后再黏贴，且推胶时必须均匀、压实，这些都需要专业技巧，因此并不建议自行上胶贴皮，否则容易发生贴皮膨起的状况。

没按步骤施工，日后容易出现掀角。

正确施工步骤

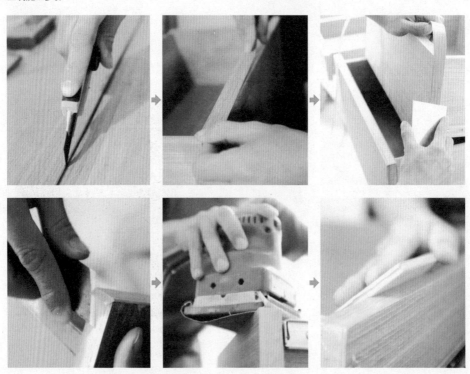

01 施工保护工程
02 拆除工程
03 泥工工程
04 铝窗工程
05 水电工程
06 空调工程
07 木作工程
08 组合柜工程
09 油漆工程
10 木地板工程
11 玻璃工程
附录

被骗了 **看清真相，小心被骗** ✕

状况1 **我家的鞋柜、衣柜、电器柜需要透气、散热，但又不想因此破坏设计，怎样能满足这些需求呢?**

| 解决方案 |

在柜内规划隐藏式透气设计，是最佳的解决方式了! 这种设计可分为三种型式:

1. 木作百叶柜门: 柜门以百叶手法设计，可达到通风目的，但缺点是气味会从正面直接散逸，且门使用久了容易变形。

2. 铝制百叶: 铝制百叶可设置在柜体侧边或下方，透气效果佳也不影响美观。

3. 镂空造型: 柜门上也可以利用镂空造型做为透气孔，可搭配整体风格也解决透气问题。

此外，也可以在柜内最上面的顶板处装设抽风机，但要注意隔板之间要预留空隙、抽屉也不能做满，空气才能相互流通，达到真正换气的目的。

木作百叶柜门

铝制百叶

加装抽风机

状况2 我家卧室的衣柜门打开会卡到床头柜，怎么会这样？

| 解决方案 |

发生这样的状况，是因为在规划时没有将柜门打开的距离计算在内，一般来说，门板不会超过60厘米，门板过大、重量过重，相对故障机率也比较高，因此柜门与床头柜之间至少要留60厘米的宽度，是最适当的距离，柜门把手与墙面之间的距离也至少要留约4厘米左右的距离，以免门板无法全开或刮伤壁面。如果空间真的太过狭小，柜门设计可考虑使用拉门，把手则可以选择隐藏式或嵌入式把手，避免与墙面碰撞；如果门板实在无法完全开启，柜内必须牺牲一段无用空间，便于物品拿取或抽屉开启。

嵌入式把手可避免
与墙面碰撞

可改成较省空间的拉门，柜门与床头木柜至
少要留60厘米

状况3 我家的厕所门底部没用多久就受潮损坏了，在装修时可以预防吗？

| 解决方案 |

以木板制作的门比较容易吸附湿气，使用一阵子就会受潮损坏，因此在发包时，可以特别强调要在门板上下处贴上木皮并上漆，以隔绝水汽、多一层保护。其实不只浴室门要做这道手续，与水相关的厨房门，甚至希望达到全面预防的效果，建议家中所有门板都不能少了这道防护。

加贴木皮，防止受潮，延　没贴木皮，导致受潮损坏。
长木门寿命。

| 01 施工保护工程 |
| 02 拆除工程 |
| 03 泥工工程 |
| 04 铝窗工程 |
| 05 水电工程 |
| 06 空调工程 |
| 07 木作工程 |
| 08 组合柜工程 |
| 09 油漆工程 |
| 10 木地板工程 |
| 11 玻璃工程 |
| 附录 |

做对了 正确的案例分享

案例 1 柜子内部也要有内涵

原房子状况： 柜子收纳无妥善规划的老房子

业主需求： 需要好看又好用的收纳柜

重新设计： 收纳柜的外观，包含颜色、线条、大小，都要配合风格与格局精准设计，而内部的规划当然也不能马虎，必须依照居住者的生活习惯、使用就手性量身打造，这样的柜子才会真的好看又好用。

●案例 2 展示柜结合灯光成焦点

原房子状况：柜体皆为密闭式的落地柜
业主需求：想让柜子变得轻盈又有美感

重新设计：柜子是居家空间必备的设计，虽然具有收纳功能，但绝对不是用来塞杂物的，而应该兼顾视觉美感及风格美学才对。将封闭的柜体设计为开放式的展示柜，再搭配灯光营造轻盈的精品质感，就能让收藏变成艺术品。

案例 3 收纳柜壁面化的设计

原房子状况：杂物多、收纳空间不足
业主需求：想要有更多的收纳柜置物
重新设计：柜子是居家空间必备的设计，但整个空间若是做满柜子，家就成了不能住人的仓库，因此可将收纳柜以壁面化设计为主，当墙面和柜体合二为一时，在视觉上看起来简单清爽，又具备实用功能性。

01 施工保护工程

02 拆除工程

03 泥工工程

04 铝窗工程

05 水电工程

06 空调工程

07 木作工程

08 组合柜工程

09 油漆工程

10 木地板工程

11 玻璃工程

附录

案例 4 展示柜可与墙面结合

原房子状况：沙发背墙单调无变化

业主需求：希望将自己的收藏展示出来

重新设计：谁说墙只能是墙？当墙面与开放展示柜结合时，就成为居家空间中最有看头的点，将壁面一角规划为层架柜体，让珍藏在此曝光，一来满足业主想与众人分享的心情，二来也增添墙面的活泼性。

+ _{PLUS} o7 | 防裂

木作工程是装修过程中重要的一环，但其中不可不预防的就是木作容易发生裂开问题，而其中木板接缝处尤其容易因为施工不够仔细，或者是没有另外多加补强，而出现裂缝或裂开。以下列出几个重点，可达到防裂效果，大家不妨做为参考。

注意事项

Point1：斜角流线型板底部要加木头支撑

在古典风格中常见使用的斜角流线型板，在线板后方底部应顺着线板形状，在适当位置以木作支撑，尤其在接缝处更需加强，日后才不容易裂开。

斜角流线型板后方底部应多加木头支撑，以防日后裂开。

Point2：鸟嘴设计具有防裂功能

因为一般木作的外角位置是比较容易裂的地方，因此在天花板板材交接处，减少板材的厚度做为鸟嘴设计，取代一般的尖角，就有助于达到防裂作用。

减少一点板材厚度处于外角位置的鸟嘴设计，有防裂的功能。

Point3：流线型板相接处应留沟缝防裂

流线型板相接处若为密合，会容易导致裂开，应该要预留沟缝并打斜角，之后油漆施工时以AB胶填缝，才能达到防裂的效果。

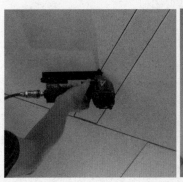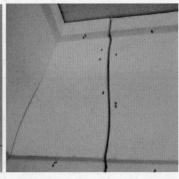

流线型板相接处不可密合，要预留沟缝防裂。

Point4：水电管线不可以切割方式施工

在埋设水电管线时，应以不规则的打凿方式施工，其补上水泥附着力较好，若以工整规则的切割方式施工，壁面容易顺着工整的切割处产生裂缝。

水电管线埋设时，应以不规则的方式施工，以避免壁面裂开产生裂缝。

Point5：不同材质交接时会产生裂缝

当遇到窗式空调要以木板封板、木作柜与隔断墙面相接处或木板与水泥墙之间相交时，很容易产生裂痕，这时封板一定要记得，连同原有隔断墙面以全面覆盖的方式封板，而非只针对洞口或小块面积封板，这样才不会因不同材质交接而产生裂缝。

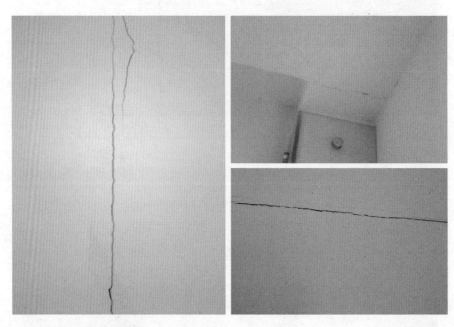

在需要封板遮盖时，一定要整面封板，否则不同材质相交接时会产生裂缝。

状况1 我家天花板有梁，没办法做窗帘盒遮住窗帘杆怎么办？

|解决提案|

天花板有梁时，因为没有多余空间可做窗帘盒，不妨以窗帘挡板取代，可达到同样目的与效果。以6分板制作的窗帘挡板，拼接之间会有缝隙，所以建议外层再加一块硅酸钙板，以交丁方式交错施工，使之产生拉力并平衡收缩力量，才不会产生裂缝。

窗帘挡板外层要再加封硅酸钙板，才不会产生裂缝。

PLUS 08 防潮

在装修过程中，防潮工程在施工时就应被列入规划考虑，只是因为此项施工不易于完工后看出其分别，因此很容易被忽略，导致后续因为受潮而引发严重后果。以下提供几个阻绝湿气很有用的方法。

注意事项

Point1：铺设防潮布避免反潮现象

潮湿处及泥工新抹壁面封板前及柜体安装前，一定要在壁面与木作之间铺上一层PU防潮布，阻挡湿气由地面及壁面渗入木头内，造成不美观的状况。

当湿气从地面渗入壁面时，就会发生反潮现象，应在装修施工时铺上防潮布，即可避免。

Point2：密底板封板不可直接贴壁或落地

密底板本身并不耐潮，但毛细孔小，适合喷漆使用，因此使用密底板封板壁面时，必须在接近地面处改封夹板，绝对不可直接贴着壁面落地，以免受潮、受损。

密底板不可直接贴着壁面或落地，必须加封夹板以防湿气。

状况1 我家浴室的镜子因为湿气的关系常会起一层雾，最近更发现镜子边角开始有水银剥落，为什么会这样？有办法避免吗？

| 解决提案 |

浴室的湿气重，为了防止湿气造成化妆镜的水银脱落或柜子发霉等状况，在浴室封木板或固定柜子前，同样也是建议加铺 PU 防水布，安装镜子时则要在镜子后方贴一块玻璃贴纸以防湿气，化妆镜下缘缝隙也要注入硅利康，防止水汽进入、避免水银脱落。

镜子后方封板时要铺上PU防水布，镜子下缘则要以硅利康填缝，才能防止湿气及水银脱落。

状况2 我家的浴柜已经使用防潮的美耐板，为什么还会膨起来？

| 解决提案 |

美耐板具有防潮特性，适合使用于潮湿的浴室，但是美耐板与美耐板相接时，要预留 1.5 毫米左右的伸缩缝，才不会发生美耐板膨胀挤压造成翘起的状况，若事前没有预留缝隙，事后要再请木工重做，不但多一道程序且影响美观。

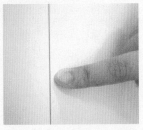

美耐板要预留1.5毫米左右的伸缩缝，才不会发生日后膨起的状况。

PLUS o9 防虫

虫蛀不只难处理，而且更难以彻底杜绝，因此若是购买二手房或老房，最好一开始就要针对虫蛀问题看清楚，若能偕同设计师最好，若无设计师陪同，那么就仔细检查木作部分，是否有异常粉末、小孔等，可判断是否已遭虫蛀。若不幸自家已出现虫蛀问题，切记尽早处理，否则越晚处理就越麻烦。

注意事项

Point1：挑选材质要认明环保认证标志

在挑选建材时，一定要注意是否有清楚标示产地、执行标准号、型号，规格、环保认证标志、绿色建材认证等，先进行把关才能住得安心。

建材是否有清楚的标示、附上检验证明、环保认证标志、建材认证等，都是挑选时要注意的事项。

Point2：白蚁比蛀虫容易处理

同样都是令人头痛的虫蛀，但比较起来，群居性的白蚁可以一举歼灭，但独来独往的蛀虫需要花更多时间——攻破，所以一般来说，白蚁问题还比蛀虫容易处理一些。

不管是群居性的白蚁，还是独来独往的蛀虫，都是令人头大的虫蛀问题。

状况1 我在装修前要如何检查有无虫蛀?

| 解决提案 |

其实在一开始购房看房子时,最好就能找设计师或其他相关专业人士陪同看房,协助检查木作部分有无虫蛀,例如:出现异常粉末、小圆孔等;当进入施工阶段,每批板材到场时都要先检查,注意板材是否有虫蛀的征兆,尤其低甲醛的建材因为较难杜绝虫蛀,因此可在所有进场建材上喷洒除虫药剂先做预防,毕竟虫蛀初期较易处理,发生之后再处理就困难多了。

木作部分出现异常粉末、小圆洞,甚至发出异声,都是虫蛀的征兆。

状况2 我要如何确定虫蛀完全处理 OK 了?

| 解决提案 |

发现虫蛀后,经过专业人员钻洞、打针注入药剂之后,必须观察2～3个月,以便确定是否无异状。由于除虫工作需要花较长的时间确认,因此建议除虫和同样需要花长时间观察的防水工程,可以在装修工程之前先进行。

经过专业除虫人员的处理之后,还要再观察2～3个月才可进行施工。

Chapter 08

组合柜其实可以有更多变化

组合柜工程

居家空间中，柜子占了很大的比例，除了以木作方式制作之外，组合柜也是另一个选择。组合柜能依照现场空间的尺寸量身定做，且拥有各式各样的五金配件可供选择，依照每个人的生活需求及使用习惯，搭配适合的配件，是一个偏向以机能为主的装修项目，再加上其板材有弹性上的限制，较难做出复杂的弧形或曲线造型，因此与木作柜各有优势。

组合柜使用的板材可依所含甲醛释放值分级，其中常见使用的 E1 级（也就是 F3 级），甲醛释出量 ≦ 1.5mg/L，因此又被称为环保板材；此外，依照吸收水分的膨胀系数亦有所区分，目前常用的 V313，意即浸水 24 小时的膨胀率为 6% 以下。不过，组合柜部分板材虽然号称防潮、防水，但板材只要稍有膨胀，就会导致门板卡住、打不开的状况发生，因此在潮湿环境下使用时，应注意潮湿控管。

注：膨胀系数是表征物体热膨胀性质的物理量。物体在温度上升 1℃ 时所增大的体积和原来体积之比或所增加的长度和原来的长度之比。

组合柜工程流程图

安装组合柜　p.192

要点 1 组合柜工程，必须知道的事！

1 组合柜的板材会在工厂事先裁切好，送至现场时不用再裁切，直接组装即可。

2 组合柜以机能为主，无法做曲线造型变化，是与木作柜不同的地方。

3 在施工顺序上比较建议为"组合柜→油漆→木地板"，日后要更换木地板或修补时，才不用拆除组合柜。

 要点 2 速查！名词解释

竹相交合板：组合柜常用的塑合板为竹相交合板，是以胶合方式压制而成，为环保建材但抗潮能力有限，因此不适宜使用于潮湿环境，如：浴室、厨房、阳台等区域。

塑合板：组合柜最常使用的板材为塑合板，可依甲醛含量及防潮等级加以区分，目前最普遍使用的为甲醛含量 E1 等级、防潮等级 V313 的板材。

甲醛含量：我国规定室内空气中甲醛最高浓度为 $0.08mg/m^3$。

 要点 3 组合柜工程的核查工作！

安装组合柜		
	非独立作业，必须和木作、水电、油漆等工程相互配合。	☐
	因为需要和其他工程配合，所以自行发包较麻烦，建议找设计师整合相关工程是较为理想的方式。	☐
	组合柜以机能为主，并不以造型取胜，应事先考虑使用需求再做决定。	☐
	板材在工厂裁好再送至现场组装，但若遇到有梁或窗户等特殊状况，则要在现场配制和收尾加工。	☐
	依序将侧板、顶板、后板以特制螺丝锁好，组装柜体。	☐
	柜体组装好之后，会在柜体下方装上调整脚，调整柜体的垂直水平度。	☐
	柜子组装完成后，最后再将壁面、天花板与柜体间的缝隙以玻璃胶收边。	☐
	层板跨距以不超过 60 厘米为原则，超过时则要加装立板，补强层板承载力。	☐
	若要在户外或潮湿环境中使用组合柜，可选择户外专用的板材，避免风吹雨淋造成损坏。	☐
	将施工顺序调整为"组合柜→油漆→木地板"，当木地板需要换修时，才不用拆掉组合柜。	☐

01 施工保护工程
02 拆除工程
03 泥工工程
04 铝窗工程
05 水电工程
06 空调工程
07 木作工程
08 组合柜工程
09 油漆工程
10 木地板工程
11 玻璃工程
附录

1. 安装组合柜
好不好用、好不好看，关键就在五金和小配件

别担心！ 做对施工，一步步来 OK

步骤 1 确认图面

与业主讨论好需要做组合柜的区域，并与厂商确认图面。

Tips: 组合柜与木作柜主要的差别在于以机能为主，并不以造型取胜，可考虑使用需求再决定要选择何者。

Tips: 因为组合柜必须和其他工程配合，自行发包较麻烦，建议找设计师整合相关工程进行会比较好。

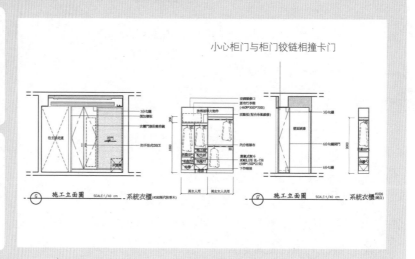

小心柜门与柜门铰链相撞卡门

步骤 2 板材分料

将板材依照施工空间进行分料，放置到不同空间中。

Tips: 组合柜的板材会在工厂裁切好再送至现场组装，一般是不用再裁切的，但若遇到有梁或需要现场配制和收尾等特殊状况，使用简易设备在现场加工即可。

步骤 3　组装柜体

依序将侧板、顶板以特制螺丝锁好、组装柜体。

Tips: 柜体组装好之后，会在下方装上调整脚，调整柜体垂直水平。

步骤 4　安装配件

安装内部物件，如：层板、抽屉、把手、门板等，最后将现场壁面、天花板与柜体间以硅利康收边。

01 施工保护工程
02 拆除工程
03 泥工工程
04 铝窗工程
05 水电工程
06 空调工程
07 木作工程
08 组合柜工程
09 油漆工程
10 木地板工程
11 玻璃工程
附录

完成 **组合柜工程，完成！**

验收 1 如果要在户外或潮湿环境使用组合柜，要选择户外专用的板材，就不用担心风吹雨淋造成的损坏。

验收 2 确认使用建材品质。

正常状态　　　　　　　　　　　遇水膨胀变形

如果居住地湿气较重，应尽量避免因湿气而导致组合柜材质膨胀变形。

01 施工保护工程
02 拆除工程
03 泥作工程
04 铝窗工程
05 水电工程
06 空调工程
07 木作工程
08 组合柜工程
09 油漆工程
10 木地板工程
11 玻璃工程
附录

注意　QA 解惑不犯错

Q 有品牌的组合柜一定比较好吗？

A：这是一个大家都有的迷惑，事实上有品牌的组合柜厂商，会将开店成本、形象广告等费用反映于产品上，产品品质与设计师长期配合的厂商所提供之产品板材并无差异，但价格却有很大落差，因此找到一个好的设计师和合作团队，比品牌名气更重要！

Q 在施工程序上，要先做组合柜，还是先做木地板？

A：早期的施工顺序为"木地板→油漆→组合柜"，但现今组合柜迁移的机率低，木地板要更换或局部换修的机率反而高，这时木地板若要修缮时，必须将组合柜拆解才能进行，因此建议将顺序调整为组合柜→油漆→木地板，当木地板需要换修时，就不用大动土木拆掉组合柜了。

Q 组合柜的层板跨距要如何规划？

A：组合柜因板材的缘故，载重能力不如木作板材，当层板跨距过长、上面又摆放重物，如：书籍、大量厚重衣物等，就容易产生凹陷、变形。一般来说，跨距以不超过 60 厘米为原则，超过时才要加装立板，分担层板承载力，也可增设收边条，加强力度、防止变形。

跨距太宽易产生凹陷。

跨距以不超过 60 厘米为原则，超过时应加装立板。

被骗了 看清真相，小心被骗

状况1 我家的衣柜是用组合柜制作的，但是拉门用久了就变形了，该如何避免呢？

| 解决方案 |

衣柜拉门的门板大，容易发生变形状况，导致门板推拉时不顺畅，使用起来不顺手的情形发生，建议可在拉门两侧加装金属边条加强，就能有效防止变形。

加装金属边条，防止拉门变形。

状况2 我要搬新家，可以把旧家的组合柜拆卸移至新空间使用吗？

| 解决方案 |

可拆卸安装再使用，省下油漆费用又环保，是一般组合柜所强调的优点，但这样的做法实际上却不见得适用。组合柜一般是依现场尺寸量身定做，但若要搬迁至另一个新空间使用，尺寸、大小、高矮都无法完全刚好合适，需要裁切还得另外支付工钱，再加上来回搬运的费用，也许并不符合经济效益，使用机能也可能大打折扣，因此在决定是否要沿用时，不妨多加思考。

01 施工保护工程

02 拆除工程

03 泥工工程

04 铝窗工程

05 水电工程

06 空调工程

07 木作工程

08 组合柜工程

09 油漆工程

10 木地板工程

11 玻璃工程

附录

做对了　正确的案例分享

案例 1 搭配木作一样能有高质感

原房状况：老旧木作柜不堪使用

业主需求：希望搭配环保、节省预算的组合柜

重新设计：组合柜过去给人的印象多半是价格便宜，但质感不如木作柜，不过随着制作技术的进步，组合柜的板材质感已经不输给木作，在预算有限的条件下，可以组合柜搭配木作柜的方式设计，一样能拥有高质感的空间。

案例 2 方正堆叠照样富有变化

原房状况：原书柜为呆板无变化的四方格

业主需求：想拥有一个方正但活泼的书柜

重新设计：组合柜受限于板材特质的关系，无法有太多造型，因此方方正正成了它的特色。方正的柜体虽然好用，但难免少了点活泼感，因此可运用堆叠的设计手法，制造错落的层次感，线条利落且富有变化性。

案例 3 利用五金满足特殊收纳需求

原房状况：大量帽子无处可收

业主需求：希望能有专门收藏帽子的地方

重新设计：收纳并非将物品乱堆，而应该规划适当的地方让物有所归，当欲收纳的物件形状特殊时，组合柜同样可以利用五金配件，满足不同的收纳需求，让物品好收也好拿取。

01 施工保护工程

02 拆除工程

03 泥工工程

04 铝窗工程

05 水电工程

06 空调工程

07 木作工程

08 组合柜工程

09 油漆工程

10 木地板工程

11 玻璃工程

附录

案例 4 组合柜也是很称职的配角

原房状况：原有格局无法满足大量藏书的收纳需要

业主需求：让书成为书房，甚至住户的主角

重新设计：尺寸能量身定做的组合柜，可依照书籍大小调整层板间距，是用来做为书柜的最佳选择，且毫不抢戏的规矩线条造型，更能衬托出藏书的特色，在宁静的书房里，就让色彩丰富的书当空间主角。

Chapter 09

一个家的美丑，
全看表面功夫做得好不好

油漆工程

油漆工程是从表面就能看出品质好坏的工程，因此整个流程必须严格控管，才能呈现最完美的样貌。由于油漆施工时需要做保护工作，会影响其他工程的进行，且其他工程所造成的灰尘，也可能导致油漆涂装品质不佳，因此当油漆工程进行时，不得安排其他工程，以免影响品质。油漆进场的时间通常在木作退场之后，为了确保油漆工程的品质，在木作退场时建议要将现场清扫干净，提供一个清洁的良好环境给油漆工程。

油漆工程就像女生的妆容，必须完美无瑕才会赏心悦目，所以在监工时要注意腻子是否遗漏，墙面摸起来是否粗糙，转角是否呈现漂亮的尖角，打磨后墙面是否还有颗粒，天花板维修口处的缝隙是否缺角等问题。

⟫ 油漆工程流程图

01 施工保护工程
02 拆除工程
03 泥工工程
04 铝窗工程
05 水电工程
06 空调工程
07 木作工程
08 组合柜工程
09 油漆工程
10 木地板工程
11 玻璃工程
附录

要点 1 油漆工程，必须知道的事！

1 腻子能增加建材表面的细致度，但不能取代水泥，且腻子越厚越容易产生龟裂。

2 天花板和壁面的上漆次数视涂料及颜色而定，深色通常要刷较多次才会均匀。

3 木皮上漆可以透过工法改变颜色深浅，但染料上太重时，有可能会盖掉木纹，因此施工时要谨慎为之。

要点 2 速查！名词解释

底漆： 是最贴近底材的第一层漆，可以加强漆与建材的附着力，让漆和材料的接合更好。

面漆： 是位于墙面最外层的涂料，具有保护、装饰及呈现色彩与质感的效果。

要点 3 油漆工程的核查工作！

腻子、AB 胶	壁面、天花板缝隙及钉孔处刮腻子前先刮 AB 胶。	☐
	墙面建材因为会吸附水汽，腻子越厚，日后越容易产生龟裂。	☐
	加强窗边、窗角、墙角处的腻子。	☐
	检查一下墙面的毛细孔、小坑洞及裂缝等，腻子是否皆到位。	☐
墙面上水泥漆	确认 AB 胶及腻子填入、整平。	☐
	天花板、壁面上漆必须在刮完成之后进行。	☐
	天花板、壁面的水泥漆要涂多次，才能盖住墙壁建材原本的颜色，质量也才可达到要求。	☐
	水泥漆可考虑以喷漆方式进行，可以避免刷痕，让整体更加美观。	☐
	工程完成、油漆完全干了，才得以进行后续工程。	☐
	检查表面是否有刷痕、油漆滴流，甚至残留刷毛及不平整现象。	☐
木皮上漆	确认木皮没有被污染、翘起后再上底漆。	☐
	木皮先以手工方式用砂纸磨平，再上底漆。	☐
	机器研磨时尽量顺着木纹，同一方向进行，漆面质感才不会出现乱纹。	☐
	上最后一道面漆时要先做好清理工作，以免造成被污染痕迹。	☐

1. 腻子、AB 胶填缝

刮腻子功夫做仔细，精致度立刻 UP

别担心！ 做对施工，一步步来 **OK**

 步骤 1 壁面上 AB 胶

壁面、天花板缝隙及钉孔处刮腻子前先填 AB 胶。

 步骤 2 进行第二道全面刮腻子

Tips: 刮腻子的功用在于补强泥工的不足及细致度，并不能取代水泥。

Tips: 墙面会吸附水汽，因此腻子越厚，日后越容易产生龟裂。

步骤 3　加强腻子

加强窗边、窗角、墙角处腻子。

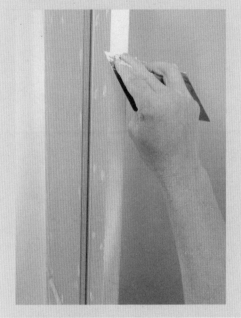

步骤 4　待腻子干后进行手工或机器工具打磨

完成　刮腻子，完成！

验收 检查一下墙面的毛细孔、小坑洞及裂缝等，是否都修补好。

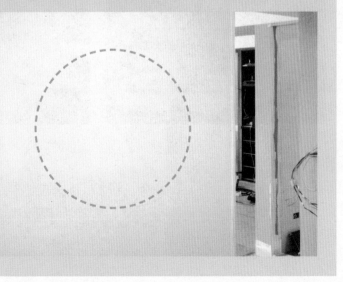

01 施工保护工程
02 拆除工程
03 泥工工程
04 铝窗工程
05 水电工程
06 空调工程
07 木作工程
08 组合柜工程
09 油漆工程
10 木地板工程
11 玻璃工程
附录

Q 什么是 AB 胶?

A：AB 胶是由 A 剂和 B 剂充分混合后，用来修补墙壁、天花板的接缝及钉孔，以防钉子凸钉及板材接缝龟裂，是刮腻子前的重要工序，因为 AB 剂混合后约在 3 ~ 5 分钟会开始硬化，所以 AB 胶在充分混合之后必需立即使用。

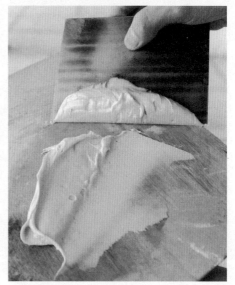

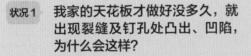

被骗了   看清真相，小心被骗 ✕

状况 1   **我家的天花板才做好没多久，就出现裂缝及钉孔处凸出、凹陷，为什么会这样？**

| 解决方案 |

天花板的接缝及钉孔处，在以 AB 胶填缝时，如果只做一次会因为收缩导致凹陷，严重者会导致日后钉孔凸出，因此建议施工两次，即可避免裂缝及凸钉产生，虽然会多一点工钱，但以长远来看，事前多花一些工夫预防，远比日后要补救省事多了。

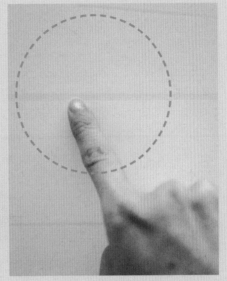

状况 2   **我家的天花板涂上了 AB 胶，怎么还是有裂缝呢？该怎么办？**

| 解决方案 |

通常出现这样的状况，多半是因为板材间所留的缝隙不当所致，缝隙太小，AB 胶无法完全填入；缝隙太大，间隙收缩过大就会产生裂缝，这时可再加强修补，但因需要打磨会产生灰尘，造成现场环境脏乱，若已入住对生活影响甚大。

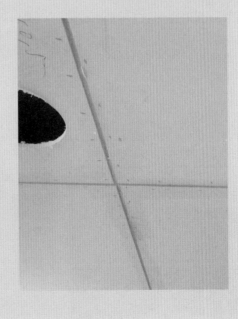

01 施工保护工程
02 拆除工程
03 泥工工程
04 铝窗工程
05 水电工程
06 空调工程
07 木作工程
08 组合柜工程
09 油漆工程
10 木地板工程
11 玻璃工程
附录

案例 1 弧形空间对工程要求更高

原房状况：格局方正的 30 年老房子

业主需求：以弧形设计修饰方正格局产生的尖锐空间

重新设计：腻子、AB 胶填缝是油漆工程的基础，做的好坏会影响最后呈现出来的漆面质感与效果，尤其是弧形空间更容易看出油漆涂刷的瑕疵，因此对于腻子、填缝的要求会比一般壁面更高，才能突显施工品质。

案例 2 聚光灯照射处更注重腻子品质

原房状况：灯具光照均匀分布

业主需求：部分灯具更换为聚光灯

重新设计：腻子的品质良莠会影响壁面质感，尤其在聚光灯或卤素灯的投射处，缺失非常容易被放大，因此在这类灯具照射的壁面，更应加强腻子品质，有助于提升质感。

案例 3 造型设计可透过油漆美化

原房状况： 没有任何收纳柜的新建房

业主需求： 想让柜子能遮蔽凌乱又兼具美感

重新设计： 油漆不只可以运用在壁面，壁柜门板也能藉此工序加以美化，将门板以镂空造型为设计，经过刮腻子、打磨再喷漆的程序之后，让原本木作柜的造型拉门增加一份细致，视觉上也增加了美感。

案例 4 AB 胶涂抹次数必须达到标准

原房状况： 壁面油漆凹凸不平

业主需求： 墙壁必须平整、无凹陷

重新设计： 仔细看看家里的墙壁，是否凹凸不平呢？造成的关键就在于 AB 胶的涂抹次数！AB 胶的施工程序必须正确，一定要补上两次，才算达到施工标准，并可避免日后出现凹陷状况，维持壁面平整。

2. 天花板、壁面上水泥漆

完全干了最能看出问题，这时再来做验收

别担心！ 做对施工，一步步来　OK

 步骤 1　**AB 胶及刮腻子完成**

确认 AB 胶填入后进行刮腻子并打磨整平完成。

Tips: 天花板、壁面上漆必须接续在刮腻子之后进行。

 步骤 2　**上第一道漆**

上第一道漆，并加强腻子、研磨。

Tips: 第一道漆也称为打底或底漆，以何种刷子或喷涂方式施工视需求而定，其主要功能为覆盖原有壁面材料的颜色，可让之后再涂上的涂料保有正确、不失真的色彩。

步骤 3 再上漆 1 ~ 2 次

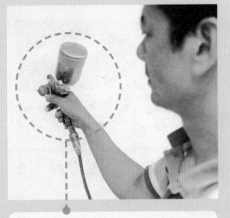

Tips: 现在水泥漆多以喷漆方式上漆，可以避免刷痕，让整体更加美观。

Tips: 上漆次数视涂料的颜色而定，深色通常要刷较多次，才能盖住墙壁的颜色，看起来才会均匀。

步骤 4 于内角处打硅利康防裂

完成 天花板、壁面上漆，完成！

验收 1　必须等工程完成、干燥后再进行验收。

验收 2　确认颜色是否符合要求，是否有漏刷、剥落现象。

验收 3　检查表面有没有刷痕，是否平整。

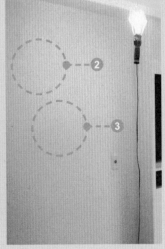

01 施工保护工程
02 拆除工程
03 泥工工程
04 铝窗工程
05 水电工程
06 空调工程
07 木作工程
08 组合柜工程
09 油漆工程
10 木地板工程
11 玻璃工程
附录

Q 水泥漆和乳胶漆有何不同?

A:涂料分为水性与油性,水性可用水稀释,油性则要用甲苯或二甲苯稀释,是对人体有害的挥发性物质,而乳胶漆则为水性水泥漆的改良产品,一般室内会使用水性的水泥漆或乳胶漆。

Q 乳胶漆比水泥漆好吗?

A:乳胶漆的颗粒细、细致度较好,但因其具有 20% 的亮度,瑕疵和刷痕都会较为明显,且遮盖率较差,需要多几道工序,相对工钱及材料费也会比水泥漆高,日后要修补也比较麻烦,建议在选择时可视需求、预算多方考虑。

被骗了　看清真相，小心被骗

状况1 我家天花板的间接照明处，灯打开之后才发现油漆品质不是很好，施工时该如何预防呢？

| 解决方案 |

在进行油漆工程前，可以先安装灯具，施工时就能够更清晰地看到瑕疵，因此装好灯具再进行油漆相关工程，有助于提高品质；壁面部分，工人会使用高瓦数的灯打亮、照明，让瑕疵无所遁形。

状况2 我家要重新粉刷，有哪些方式可以选择呢？

| 解决方案 |

水泥漆上漆的方式，大致可分成三种：

1. 油漆刷：最常见的使用方式，DIY也适用，但会产生刷痕、较不美观。

2. 滚筒：比油漆刷省力一些，且因为滚筒材质之故完工之墙面会有自然的凹凸感，但油漆容易滴流，且角落处会滚不到造成死角是其缺点。

3. 喷枪：看不到刷痕，品质比前两者好很多，但需要的设备比较专业，所以一般业主无法自行完成，且须将家具等物品包覆、防护，以免被油漆喷溅，较为麻烦；若原本的底不平整，还需要先打磨才行，否则再怎么喷也无法达到效果。

01 施工保护工程
02 拆除工程
03 泥工工程
04 铝窗工程
05 水电工程
06 空调工程
07 木作工程
08 组合柜工程
09 油漆工程
10 木地板工程
11 玻璃工程
附录

案例1 运用不同漆面因应需求

原房状况：单一水泥漆处理之新建房

业主需求：需要好清理的墙壁漆面

重新设计：墙壁是居家空间中最常会被触摸到的地方，不像天花板被接触的机率很低，尤其家中若有小朋友，更容易产生污染痕迹，想擦拭反而越擦越脏，建议壁面为了因应清洁需求可考虑使用喷漆，表面比较耐脏且不易变黑。

案例2 细腻处的品质更可看出质感

原房状况：乍看之下品质尚可，但细致度不够

业主需求：无论大面积或小细节都要求质感

重新设计：小地方的细致度是展现质感的决胜点，尤其带给人们第一印象的玄关区域，作工的细腻程度更直接影响整体观感，因此要特别注意上漆品质，让人在踏入空间之初即感受到高质感。

案例 3 低照度空间也要注意上漆品质

原房状况：空间照明亮度没有特别规划

业主需求：希望家中光线低调柔和

重新设计：光线明亮处容易看出上漆品质好坏，施工时需要特别留意，但并不表示在低照度的空间中就可以忽略，同样地也应该注意上漆程序，即便光线较为柔和昏暗，仍然要坚持品质。

案例 4 灯光投射处最易看出瑕疵

原房状况：开灯时可看出天花板凹凸不平

业主需求：即使是小细节也要求完美

重新设计：空间的质感往往就表现于细节之处，油漆的刷痕或瑕疵，在灯光投射下很容易被看出，因此天花板及壁面上漆时应特别注意，建议施工过程中就可以先装设灯具，如此在完备的灯光照射之下施工，才能确保油漆完工品质。

01 施工保护工程
02 拆除工程
03 泥工工程
04 铝窗工程
05 水电工程
06 空调工程
07 木作工程
08 组合柜工程
09 油漆工程
10 木地板工程
11 玻璃工程
附录

3. 木皮上漆

上漆前多做一层功，才会漆得自然又好看

别担心！ **做对施工，一步步来** OK

 步骤 1 **上底漆**

确认木皮没有被污染、翘起后再上底漆。

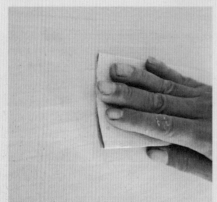

Tips: 木皮上底漆前可先以砂纸推过藉以检查木皮是否瑕疵。

 步骤 2 **机器研磨**

用机器研磨有硬度的底漆，使木皮变得细致。

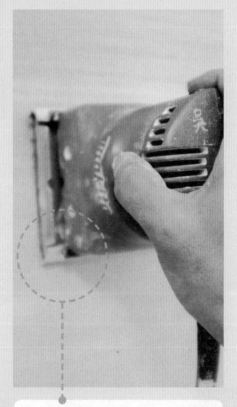

Tips: 研磨时尽量顺着木纹，同一方向进行，才不会出现乱纹。

步骤 3
再上底漆、以手工方式研磨，反覆两次

Tips: 此时木皮表面已经较细致，研磨时会换细一点、至少320号的砂纸。

Tips: 砂纸的号数越大，代表越细致。

步骤 4
上透明面漆

Tips: 以喷涂的方式可避免刷痕，让木皮更具细致质感。

Tips: 上面漆前要先做好清理工作，以免上漆后出现打磨时残留的白色粉末，造成被污染痕迹。

完成
木皮上漆，完成！

验收 1 喷漆之漆面不能有垂流现象。

验收 2 若有漆面起块或木皮瑕疵，必须将相关瑕疵重新处理，完成后再打磨、修补。

注：垂流现象指的是涂料受重力影响往下流，进而影响美观。

01 施工保护工程
02 拆除工程
03 泥工工程
04 铝窗工程
05 水电工程
06 空调工程
07 木作工程
08 组合柜工程
09 油漆工程
10 木地板工程
11 玻璃工程
附录

Q 何谓填色处理?

A：通常在裱布、木作嵌入玻璃处、人造石底部、固定玻璃的沟槽处，都要刷上与周边建材同色的涂料，才不会看到建材瑕疵、木头颜色或玻璃折射的黑影，造成视觉上的突兀，虽然只是一个小细节，却大大影响美观的完美程度。

Q 何谓红丹漆?

A：红丹漆常使用于铁件防锈，它能隔绝空气，但防锈效果较差，而且质地黏稠，使用刷漆方式，会让后续进行的喷漆品质变差，因此铁件喷漆前，应先进行刮腻子将焊接不平处整平，再使用"专用防锈底漆"喷涂，最后才上面漆。

Q 何谓一底二度?

A：一底二度指的是打底、上底漆，反覆进行三次的意思，但研磨和上漆的方式有所不同，这是一般业界最常见的标准。一底会以刷子手工上漆、再以机器大面积研磨，二度则以喷漆、搭配砂纸以手工研磨，以达到应有的细致度。

Q 何谓二度底漆?

A：早期底漆分为头度或首度底漆，质地较硬，但现在几乎已经单纯化，全程都采用二度底漆施工，填平木皮表面的毛细孔，使之平整。由于二度底漆属于易燃物，不慎压到电线造成短路，引燃造成火灾的工业安全事件时有所闻，因此在现场千万不可贪图方便，使用二度底漆的油漆桶当作楼梯，以免酿成灾害。

01 施工保护工程
02 拆除工程
03 泥工工程
04 铝窗工程
05 水电工程
06 空调工程
07 木作工程
08 组合柜工程
09 油漆工程
10 木地板工程
11 玻璃工程
附录

状况 1

我想改变家里的木作贴皮颜色，有哪些方式可以办到呢？

染色

| 解决方案 |

要改变木皮的颜色深浅，可用染色或修色的方式，若想完全变成其他颜色，则可使用喷漆方式：

1. 染色：橡木洗白就是其中一种，可保留木纹，但涂料若上的太厚，木纹还是会被盖掉。

修色

2. 修色：可局部调整或微调木皮的深浅色，但若改变颜色过度时，也会将原有木纹遮蔽，失去原有木纹质感。

3. 喷漆：全面性地遮盖木纹，改变为各种颜色皆可。

喷漆

状况 2

我家新做好的木作贴皮书桌居然有一块方形褪色，怎么会这样？

| 解决方案 |

造成这种情形的原因，极有可能是因为在装修期间或完工入住时，将物品放置于桌台上，经由阳光紫外线照射产生印子或留下变色所致，因此建议施工期间应控管好桌台禁止放置物品的规定，业主完工迁入后，则建议阳光直射的窗户应装设窗帘，以避免紫外线照射而留下印记。

01 施工保护工程

02 拆除工程

03 泥工工程

04 铝窗工程

05 水电工程

06 空调工程

07 木作工程

08 组合柜工程

09 油漆工程

10 木地板工程

11 玻璃工程

附录

做对了　正确的案例分享

案例 1 利用油漆带出木作质感

原房状况： 油漆品质不佳的新建房

业主需求： 特别重视经由油漆所展现出的空间质感

重新设计： 油漆工程可谓是空间的化妆师，透过这一道工序，成就了眼睛所看到的完美成果。油漆有丰富的色彩变化，能搭配居家风格调配最适合的颜色，同样的木作设计，换个颜色就能展现不同品味。

案例 2 喷漆时要做好木皮保护

原房状况：木作以贴附木皮为主
业主需求：想让木作富有变化性

重新设计：木作通常会使用贴木皮或喷漆的方式加以美化，若想要变化更丰富，则可两种做法同时运用，但要注意在喷漆前需先将木皮做好保护再进行，以免木皮被喷漆喷到而破坏质感。

案例 3 天然木皮不适合上厚漆

原房状况：木作以油漆呈现光滑质感

业主需求：希望利用木皮营造自然气息

重新设计：木皮的样式多元，拟真度也越来越高，像是天然的风化木皮，纹路与质感都逼近实木，若选用这种触感自然的木皮，在上漆时切忌过厚遮盖木纹质感，只要薄薄一层形成保护即可。

案例 4 底漆厚度影响木纹触感

原房状况：没有任何木作的新建房

业主需求：想透过木纹的运用搭配，拥有休闲自然风的住户

重新设计：带有纹路的木皮具有自然气息，能为空间注入休闲感，如果想要保有木纹触感，在上漆时一定要注意底漆厚度，若涂得太厚会盖过木纹质感，所以木器上底漆时必须特别留心。

01 施工保护工程
02 拆除工程
03 泥工工程
04 铝窗工程
05 水电工程
06 空调工程
07 木作工程
08 组合柜工程
09 油漆工程
10 木地板工程
11 玻璃工程
附录

Chapter 10

接缝没算好，
半夜睡觉不得安宁
木地板工程

当装修工程接近尾声，也就是地板工程上场的时候了！地板材质种类包含了大理石、瓷砖、人造石、木地板等，其中又以自然、温馨的木地板最受居家空间欢迎，不只室内空间适用，户外区域及阳台也常见使用木地板材质，可见大家对于木地板的喜爱程度。

木地板有深浅色之分，可依照风格及喜好挑选、搭配，在材质上则有实木地板、底板为夹板、表面为实木皮（即为海岛型木地板）或人造木纹面（即为超耐磨木地板）的复合式地板可选择，复合木地板与实木地板相比，不但环保、质感也并不逊色，且抗潮力亦佳，不容易受潮变形。

在木地板工程完成后，后续若还有其他工程需要进行，应做好防护措施；在搬移、搬运家具时，则务必抬起家具移动位置，千万不能直接拖拉以免伤及地板，保证居住空间拥有一个自然舒适的木质感。

>> **木地板工程流程图**

01 施工保护工程
02 拆除工程
03 泥工工程
04 铝窗工程
05 水电工程
06 空调工程
07 木作工程
08 组合柜工程
09 油漆工程
10 木地板工程
11 玻璃工程
附录

要点 1 木地板工程，必须知道的事！

1 若地面本身有些许不平整时，可利用悬浮铺设法，借由较厚的底板调整地面水平误差。

2 在铺设木地板前，必须先将地面整平，再铺上防潮布，其功能在于防止地面水汽渗入至木地板。

3 铺设底板并持钉枪将底板固定后，建议应以手持铁锤将钉子敲入地面固定，让底板和地面确实接合，日后才不会因为底板密合不良而产生摩擦声响。

注：悬浮铺设法，是强化木地板最普遍使用的铺设方法，即地板不直接粘固在地面上，通常是在地面上铺设地垫，而后在地垫上将地板胶合拼接成一体的铺设方法。

直接粘接法，就是将地板用胶，直接粘在地面，这种施工方法叫直接粘接法，这种施工方法要求地面干燥、平整、干净。

要点 2 速查！名词解释

底板： 底板即为夹板，在施工时，会先下夹板再铺木地板。

面板： 面板即为使用的木地板板材，铺设于底板之上。

上胶： 打钉之前以白胶贴合底板与面板，使两者之间更为牢固。

打钉： 底板与面板间需以钉枪打钉固定，底板与面板之间也要以 45 度角打钉，以便加强与底板接合。

要点 3 木地板工程的核查工作！

铺木地板		
	测量地面各点，找出水平，确认是否有高低落差。	☐
	若发现有高低差，必须修正和其他材料相接处的厚度。	☐
	地面上若有残留的小土块，可用榔头或适合的工具轻敲去除。	☐
	地面管路经过外围要特别留意是否平顺。	☐
	最底层需铺上一层防潮布，再铺上 6 分底板，底板预留间距约为 3 毫米左右。	☐
	防潮布与防潮布之间，铺设时要重叠，以免有遗漏之处。	☐
	铺设底板前要注意有没有将管线处做记号，以免打钉时造成短路或漏水。	☐
	底板建议使用较厚的 6 分板，质量较佳且隔音效果好，也比较牢靠。	☐
	底板打钉后要进行敲钉的动作，才能让地板和底板接合时，不会因为摩擦到钉子而产生声响。	☐
	将底板打钉固定后铺上面板，以每 5 ~ 10 厘米的间隔打钉，使木地板与底板相接。	☐
	后续若还有其他工程要进行，记得做好保护工作，避免损坏木地板。	☐

1. 铺设木地板

搞清自家条件再施工，省得花钱又做错

别担心！ 做对施工，一步步来 **OK**

 步骤 1 找水平

测量地面各点，找出水平，确认是否有高低落差。

Tips: 若发现有高低差，必须修正和其他材料相接处的高低厚度。一般来说，低比高好处理，可以利用底板来调整现况地面高度。

 步骤 2 地面打底

将地面土块以机器打磨修整使之平顺，最后将欲施工的地面作全面性清扫工作。

Tips: 管路周边,要特别留意是否平顺。

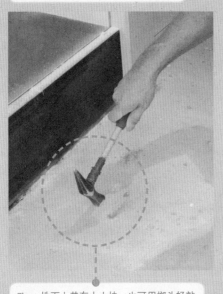

Tips: 地面上若有小土块,也可用榔头轻敲去除。

01 施工保护工程

02 拆除工程

03 泥工工程

04 铝窗工程

05 水电工程

06 空调工程

07 木作工程

08 组合柜工程

09 油漆工程

10 木地板工程

11 玻璃工程

附录

步骤 3 **铺防潮布、底板**

先铺上一层防潮布,再铺上 6 分底板,底板之间预留间距约为 3 毫米左右。

Tips: 防潮布与防潮布之间,铺设时要重叠,才不会有遗漏之处。

Tips: 一般多使用 3 ~ 4 分底板,但建议使用较厚的 6 分底板,品质较佳且隔音效果好,也比较牢靠。

步骤 4 铺设面板

将底板打钉固定后，接着铺上面板，并以每5～10厘米的间隔打钉，使木地板与底板相接，再上胶为让下一片面板更加贴合而准备。

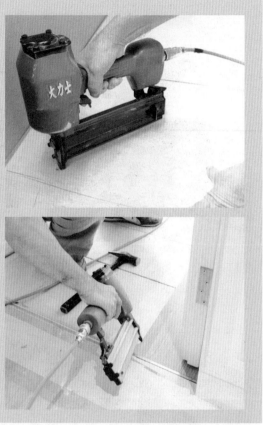

> **Tips:** 底板打钉后要进行敲钉的动作，才能让地板和底板接合时，不会因为摩擦到钉子而产生声响。

完成 木地板工程，完成！

验收1 铺好底板后要注意有没有在管线处做记号，以免打钉时造成短路或漏水。

验收2 木地板工程完成后，若后续还有其他工程要进行，记得要做好保护工作，避免损坏木地板。

注意 QA 解惑不犯错

01 施工保护工程

02 拆除工程

03 泥工工程

04 铝窗工程

05 水电工程

06 空调工程

07 木作工程

08 组合柜工程

09 油漆工程

10 木地板工程

11 玻璃工程

附录

Q 木地板的铺设方式有哪些?

A：木地板的铺设方式可分为两种：直接粘接法与悬浮铺设法，前者使用应考虑施工状况及环境，后者则适用于任何地板。另外常见使用于书房或客房的架高式施工法，则是因应不同需求而生的设计手法，并非铺设方式。

Q 木地板有哪些收边方式?

A：使用直接粘接法需要预留伸缩缝，因此可运用收边条修饰，或配合风格使用踢脚板加以美化收边，而悬浮铺设法，则同样可使用踢脚板收边，或利用硅利康填缝收边，不过收边的美观与地壁的平整度非常有关，所以最初的地壁打底工作是相当重要的环节。

Q 何谓榫接设计?

A：实木地板、海岛型和超耐磨皆为榫接设计，榫接设计指的是木地板之凹凸相接处，当两片木地板如卡榫般相接密合后，再以 45 度角打钉至底板，最后上胶使两者之间贴合，这样就能确保木地板的牢固了。

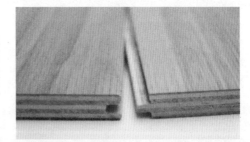

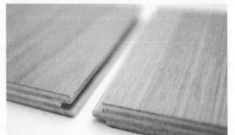

	01 施工保护工程
	02 拆除工程
	03 泥工程
	04 铝窗工程
	05 水电工程
	06 空调工程
	07 木作工程
	08 组合柜工程
	09 油漆工程
	10 木地板工程
	11 玻璃工程
	附录

被骗了 看清真相，小心被骗

状况1 我家在铺设木地板时，水管不小心被打到，应该如何避免呢？

│ 解决方案 │

由于铺设木地板时，管线皆已埋设好、看不到了，因此必须在之前就先将水管、电管等相关管线埋入地面的位置做好记录，再将图面提供给工人参考，若在过程中不慎打到，发现打钉时有不同的声音，一定要请施工人员提出，以便尽快进行处理，避免造成漏水或短路的严重后果。

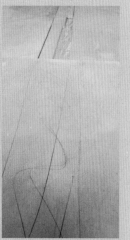

状况2 我家阳台也要铺设木地板，要注意哪些事项呢？

│ 解决方案 │

阳台、浴室等有水的区域，通常会铺设防潮地板，在上钉时一定要使用 SUS（不锈钢）或防锈防氧化材质，经过处理才能防水且不生锈。

在铺设时，则要视面积切割分片，才方便日后自行放置及掀起，遇到检修口的位置，可配合下方地材尺寸裁切，一般大约20×20厘米左右，日后不需要把整块木地板搬起来，就能进行维修或清洁。

案例 1 超耐磨木地板好清洁又自然

原房状况： 地面原为受潮严重的实木地板
业主需求： 需要好清洁又耐脏的木地板

重新设计： 实木地板天然的纹路与触感，深受大众喜爱却不好照护，特别是对于家中有小孩、宠物的空间而言，清洁更是一大问题，因此可选择具有木纹质感，又容易清理的超耐磨木地板，即可兼顾所有需求。

案例 2 木地板有助于营造温馨感

原房状况： 卧室地面为冰冷的瓷砖
业主需求： 想营造温暖、温馨的感觉
重新设计： 上下床铺时，双脚很容易踩踏在地面上，再加上睡眠时需要营造一个温暖的氛围，因此卧室不适合使用冰冷的瓷砖材质，质感自然温润的木地板是最好的选择，能为房间带来和谐与宁静。

案例 3 超耐磨木地板颜色选择多

原房状况： 地板颜色与空间色调不符

业主需求： 希望地板能与风格搭配

重新设计： 过去超耐磨木地板的颜色有限，有时无法与整体色调搭配，但现在的超耐磨木地板颜色选择多，可以依照风格配合色彩属性，找到最适合的地板色系，让空间调性更协调。

案例 4 超耐磨木地板仿真度逼近实木

原房状况： 实木地板难以保养

业主需求： 希望保有实木质感又好维护

重新设计： 超耐磨木地板的作工已经相当成熟，一般来说，要从肉眼判断是超耐磨或实木木皮，并不是件容易的事，因此若想保有实木质感，但又害怕保养困难，采用超耐磨木地板会是很好的选择。

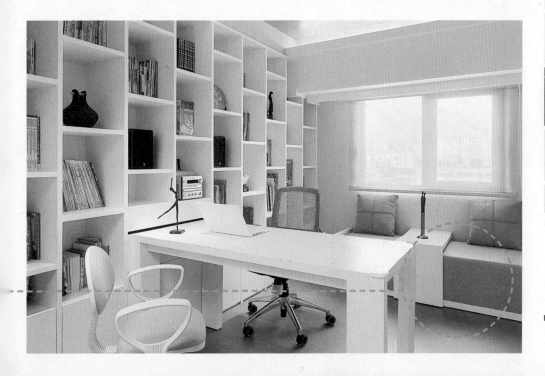

案例5 在原有地砖上铺设木地板

原房状况：原本地面为抛光石英砖

业主需求：打算沿用原有地砖不换新

重新设计：在不破坏原有地材的原则下，于原有的抛光石英砖上铺设木地板，将书房空间抬高并划分区域性，是架高手法的一种运用。

案例6 16厘米是高架地板最佳高度

原房状况：有架高地板但行走不顺畅

业主需求：想要一个高度适当又适合兼客房的卧室

重新设计：架高的高度可是有学问的，过高或过低都会造成安全上的疑虑！以安全考虑来看，16厘米是最佳高度，7～8厘米则是容易被人忽略和踢到的危险高度，高于16厘米又成了阻碍，不便于行走。

案例 7 利用架高手法区隔空间

原房状况：超大的公共空间只有客、餐厅

业主需求：希望在客、餐厅之间多一间书房

重新设计：将木地板架高的手法，也可以使用在区隔用途上，在开放的公共空间中，若想再规划一间书房，即能借由架高木地板的方式设计，不但可做为客、餐厅空间的分界，也更多了一个可弹性运用的空间。

01 施工保护工程

02 拆除工程

03 泥工工程

04 铝窗工程

05 水电工程

06 空调工程

07 木作工程

08 组合仓柜工程

09 油漆工程

10 木地板工程

11 玻璃工程

附录

海岛型木地板 & 超耐磨木地板

地板是空间里必要元素，但是地板要怎么挑、怎么选，老实说，建材材质往往不是唯一的考虑的因素，不论是海岛型木地板还是超耐磨，都有其优点与缺点，因此在询价前，应先衡量自己的需求，是想要挑颜色，还是要挑材质，并确认想呈现的空间风格质感，这样才有助于找出适合自己的产品。

注意事项

Point1：两者底板相同、表面材质不同

海岛型木地板和超耐磨木地板皆属于复合式地板，两者底板都为夹板，差异在于前者在夹板上贴上实木皮，后者则贴上仿木纹的美耐板或人造耐磨材料。

海岛型木地板和超耐磨木地板的底板均为夹板，差异在于表面材质的不同。

Point2：以复合式地板取代实木地板

实木地板的质感虽然好，但不环保且抗潮力差、容易变形，建议可选用复合式地板取代实木地板，达到木纹效果又兼顾环保与质感。

以复合式地板取代实木地板，环保又不失木纹质感。

Point3：海岛型木地板分为厚皮、薄皮两种

海岛型木地板比较能抗潮湿，适合潮湿的气候，且价格也比实木地板低，表面的实木皮从 1 ～ 5 毫米皆有，因此又可分为厚皮与薄皮，价格上也有高低之分。

依照表面实木皮的厚度可区分为厚皮与薄皮，厚皮的价格会比薄皮贵。

状况1 我家想铺木地板，不同的地面铺设方式有何不同吗？

| 解决提案 |

目前木地板多采用悬浮式，施工方式则会视房子新旧及地面状况而有所不同，居家空间常见的情形大致可分为四大类：

1. 毛胚新建房：地面要先进行打底，铺好底板后即可铺设木地板。

2. 原地面为抛光石英砖：底板采用直接粘合法施工，不锁螺丝及钉子，以免木地板硬脆裂开，再用硅利康胶收边。

3. 原地面为瓷砖：老房子的瓷砖可能会有不平整或施工不良的状况，应先确认瓷砖铺设有没有问题，工序为铺设 PU 防潮布再铺上 6 分夹板为底板，以隔绝由地面渗入的水汽，最后再铺设木地板。

4. 原地面为实木地板：建议不要沿用，连同底板全数拆除至见底，再重新铺设新的木地板。

老房子、新建房和原地面的材质，都会影响木地板的铺设方式。

状况2 我家有小朋友和宠物，也可以铺木地板吗？

| 解决提案 |

有小朋友或宠物的居家空间，地板应以耐磨、耐刮、好清理为首要条件，表面为美耐板或人造耐磨材料仿木纹的超耐磨木地板，是非常适合的选择，不过表面虽然耐刮却还是不耐重力撞击，最好避免重物或尖锐物品掉落碰撞，以防留下痕迹。

超耐磨木地板的技术已经相当成熟，质感也很不错，虽然拟真度难免有差，但却具备耐刮、耐磨的优点。

营造风格、
小宅变大的好帮手

玻璃工程

玻璃工程并不仅止于窗户玻璃的装设，凡空间中会运用到玻璃的部分，皆属于玻璃工程的范畴。一般人对于玻璃的第一印象，大多是透明、易碎、危险的，好像并不适合大量用于居家空间，但事实上玻璃却在室内设计中占了很大的比例，只要运用得宜、做好安全措施及防护细节，玻璃能带给居家生活超乎想像的实用性与装饰效果。

玻璃的种类众多，除了常见的透明玻璃，有色玻璃也经常被运用在各空间，其他诸如白镜、茶镜、烤漆玻璃、夹膜玻璃、喷砂玻璃等，都是居家设计会用到的材质，玻璃不但具有透明、透光、遮蔽的效果，更随着材质的特殊性，呈现不同的质感，让居住环境更有风格与气氛！

玻璃工程流程图

要点 1 玻璃工程，必须知道的事！

1 使用镜子当作壁面装饰材质时，尤其是白镜应更加谨慎，以免因精神不济时造成无谓的惊吓。

2 空间中若需要可涂鸦、写字的白板，可利用烤漆玻璃为材质。

3 当天花板或壁面的装饰性玻璃遇到灯具时，要留意挖孔尺寸不可大于灯具。

 要点 2 速查！名词解释

强化玻璃：为玻璃经过加热、急速冷却后增加强度的方式，当玻璃破碎时会呈现钝角颗粒或块状，不容易使人受伤。

超白玻璃：没有一般玻璃因结晶化所产生的绿色变色，能使建材颜色不失真，但相对价格也比一般玻璃昂贵。

夹膜玻璃：在两片玻璃中间夹上胶膜，可变换各种颜色，除了胶膜也可夹入其它材质，如：纱、棉絮、布料等，增加玻璃的丰富性。

 要点 3 玻璃工程的核查工作！

功能性	玻璃可分为透明与不透明两种，主要差别在于是否可透视，但都具透光性。	☐
	透明的玻璃隔间可使用纯透明或有色玻璃。	☐
	不透明的玻璃隔间可选用喷砂玻璃，贴纸玻璃或其它立体雕花玻璃。	☐
	镜子具有空间放大和装饰效果，但使用白镜要注意，过于真实反而造成使用者心理的压力。	☐
	利用烤漆玻璃做为白板，也是玻璃材质运用的一种方式。	☐
	白板若想具备磁铁功能，可在中间夹入铁板，或涂上磁性漆。	☐
	镜子需要反射影像，所以表面不可结晶化，因此不能使用强化玻璃。	☐
装饰性	天花板使用玻璃装饰，可透过反射制造拉长空间高度的效果。	☐
	配合灯具底座开孔，挖孔尺寸要大于底座，但不可大于灯具外罩尺寸。	☐
	玻璃开孔要确定灯座固定的接触面是在木作而非玻璃上，也才能确保灯具受外力时，不因挤压造成破裂。	☐
	壁面以玻璃材质装饰，具有加大空间感的效果，并能让墙面拥有质感及层次感。	☐
	大片透明玻璃覆盖于其他材质上时，会造成建材色偏的情况，可用超白玻璃改善。	☐
	进口的超白玻璃单价高，可视需求及预算决定是否使用。	☐

01 施工保护工程
02 拆除工程
03 泥工工程
04 铝窗工程
05 水电工程
06 空调工程
07 木作工程
08 组合柜工程
09 油漆工程
10 木地板工程
11 玻璃工程
附录

1. 功能性

不只好看，功能多重更好用

別担心! 做对施工，一步步来 OK

步骤
1　**隔间**

玻璃隔间可分为透明与不透明两
种，主要差别在于是否可透视，
但无论透明与否都具透光性，因
此可视需求及设计，选择适合的
玻璃材质。

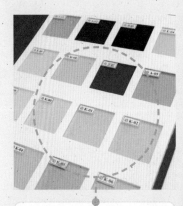

Tips: 透明的玻璃隔间可使用纯透
明的玻璃，也可使用有色的玻璃，
如：茶色、灰色、黑色、琥珀色
等；不透明的玻璃隔间则可选用喷
砂玻璃或贴纸玻璃。

Tips: 运用镜子做为设计，具有空
间放大和装饰效果的优点，但为了
避免人影反射造成惊吓，或基于风
水考虑等因素，不宜使用白镜，可
以茶镜、灰镜等材质替代。

01 施工保护工程

02 拆除工程

03 泥工工程

04 铝窗工程

05 水电工程

06 空调工程

07 木作工程

08 组合柜工程

09 油漆工程

10 木地板工程

11 玻璃工程

附录

步骤 2 **白板**

利用烤漆玻璃做为白板，是玻璃材质的另一种用途，为了配合空间风格，也可将玻璃强化后再喷漆，制作出所需颜色。

Tips: 白板若想具备磁铁功能，可在中间夹入铁板，或涂上磁性漆，不过吸力强度会较差，不适合吸附过重的物品。

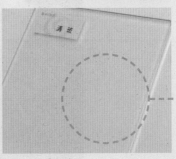

Tips: 由于玻璃结晶会产生绿色变色，因此可在玻璃后方覆盖上适当的颜色，调整色偏，或选用超白玻璃，但价格约会高出数倍，不妨斟酌使用。

步骤 3 **镜子**

镜子需要反射影像，所以表面不可结晶化，以免产生波浪状导致影像失真，因此不能使用强化玻璃。

Tips: 玻璃是否强化的差异，在于破碎时的安全性，为了维护居家安全，应在无法强化的镜子后方，黏贴一层玻璃贴纸，当镜子因外力或地震产生破裂时，会黏在贴纸上而不会掉落对人员造成伤害。

Q 玻璃有哪些种类?

A：玻璃的种类很多元，除了一般
常见的透明或有色玻璃，还包含了
镜子、艺术立体雕花玻璃、PS 板
（又称为塑胶或压克力板）、夹膜玻
璃、贴纸玻璃等，其中夹膜玻璃又
可变换中间层所夹的物件，例如：
布、纱、卷帘等，让玻璃充满了丰
富的多变性。

Q 玻璃在运用上会有限制吗?

A：玻璃在设计上最常遇到的难题，
就是长度和是否可强化的限制，举
例来说，某些立体压花玻璃的长度
有限制，因此需要运用其他材料搭
配加入设计；且镜子因为要反射影
像，所以不能经过结晶强化，在设
计时就必须多加考虑安全性。

01 施工保护工程
02 拆除工程
03 泥工工程
04 铝窗工程
05 水电工程
06 空调工程
07 木作工程
08 组合柜工程
09 油漆工程
10 木地板工程
11 玻璃工程
附录

被骗了 看清真相，小心被骗

状况 1 我家的开放式厨房，也可以用玻璃做一些实用的功能设计吗？

| 解决方案 |

开放式厨房最怕的油烟问题，也可以用玻璃协助解决喔！运用垂吊式的方式将钢丝玻璃设置在厨房出入口或需要将油烟隔绝处，利用公共空间消防防烟垂壁的原理，转化为居家空间中的防烟玻璃隔栅，达到阻隔油烟的目的之外，若钢丝玻璃因外力而破裂，将会因为钢丝的缘故，不会整片掉落，清洁上也不麻烦，是相当实用、好整理又安全的设计。

案例 1 透光特性能放大空间

原房状况： 隔间原为不透光的实墙
业主需求： 想引入采光至室内空间任一角落

重新设计： 透明的玻璃能引入室外光线，将实墙隔间以玻璃材质取代后，不但能提升室内采光明亮度，也在无形中放大了空间感，只是换了一种材质，竟能让原本显得阴暗的家产生变化。

案例 2 玻璃也可以当作隔间矮墙

原房状况： 浴室马桶和洗手台之间无区隔
业主需求： 希望保有如厕时的隐密性
重新设计： 马桶和洗手台之间若能筑起一道矮墙，不但能让如厕时更有隐密性，也可避免瓶罐掉落、水花喷溅，而这道隔断墙不一定要使用瓷砖材质，也可选择好清理的玻璃替代。

案例 3 透明特质可减少闭塞感

原房状况： 原有格局进门就直接看到室内空间

业主需求： 需要有阻隔又兼具透明的玄关

重新设计： 从环境变化方面考虑，进门没有遮挡直接看到室内并不好，因此可在入门处设计弧形玄关化解，不过材质若不具透明性，包覆性的弧形易导致压迫感，这时可选择雾面玻璃，制造若隐若现的透视感，解决小空间的闭塞。

案例 4 不同玻璃可搭配变化

原房状况： 封闭式隔间的传统住宅

业主需求： 希望透过玻璃材质让空间有所变化

重新设计： 同样是玻璃，却有很多不同种类，在玻璃隔间设计上，除了利用清玻璃制造透明性之外，还可以穿插夹膜玻璃点缀，在保有透光效果的同时，也赋予其变化，让玻璃发挥功能也不至于单调。

2. 装饰性
利用镜面特性美化居家

 步骤 1 **天花板**

天花板使用玻璃装饰，可透过反射制造拉长空间高度的效果，但天花板的灯具较多，在安装时必须谨慎配合，才能兼顾美观与安全。

Tips: 在玻璃上装设灯具时，玻璃必须配合灯具底座开孔，且开孔尺寸一定要确定灯座固定的接触面是在木作上而非玻璃，如此才能确保灯具受外力时，不致挤压造成玻璃破裂。

 步骤 2 **壁面**

壁面以玻璃材质装饰，具有加大空间感的效果，并能赋予单调的墙壁变化性，让墙面也能拥有质感及层次感，不再只是平平的墙壁而已。

Tips: 当大片透明玻璃覆盖于其他材质上时，会造成建材色偏的情况，可改用超白玻璃改善，让颜色不失真，但进口的超白玻璃相对单价也高，可视需求及预算决定是否使用。

01 施工保护工程
02 拆除工程
03 泥工工程
04 铝窗工程
05 水电工程
06 空调工程
07 木作工程
08 组合柜工程
09 油漆工程
10 木地板工程
11 玻璃工程
附录

注意　QA 解惑不犯错

Q 玻璃运用在装饰上，有哪些设计手法？

A：玻璃在装饰用途上的目的，大致离不开透光或不透光，若要透光则保持透明度；若不透光，则可借由玻璃的反射特质提升空间感，或利用特殊玻璃表现质感及色彩，增添空间表情。

状况1 我家在设计上使用了很多镜子，包含浴室、玄关、客厅等处，这些地方都需要用硅利康填缝吗？

| 解决方案 |

只要用硅利康填补镜子与其他材质间的缝隙，就万无一失了吗？这个迷惑很常见，但正确的观念应该是硅利康能不打就不打，尤其是运用在浴室防霉上，做好室内空间的干燥处理，保持环境干爽反而是最重要的。硅利康应是辅助工具而非万能，当然所有有缝隙的地方都可用硅利康填补，以达防水、防虫之效，不只镜子与台面交接处要做，其他如：瓷砖与木作之间、木地板与墙角接缝、厨房台面与壁面处、组合柜与地壁贴合处都要施工，才能避免发霉、掉漆、潮湿等状况。

洗脸台转角

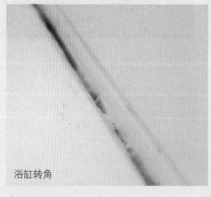

浴缸转角

浴室门框内角

容易潮湿的地方一定要做好防潮措施，才不会因为湿气而造成接缝及转角处发霉、掉漆等状况。

01 施工保护工程
02 拆除工程
03 泥工工程
04 铝窗工程
05 水电工程
06 空调工程
07 木作工程
08 组合柜工程
09 油漆工程
10 木地板工程
11 玻璃工程
附录

案例1 镂空图腾变成家饰品焦点

原房状况： 沙发背墙简单、无任何装饰

业主需求： 想把沙发背墙设计成一进门的引人注意焦点

重新设计： 重新设计：一整面的白墙虽然干净利落，但却少了点风格味道，在沙发背墙后以镂空的手法，将烤漆玻璃制造成屏风样式，并勾勒出素雅的图腾，再透过灯光的投射，使花草藤蔓悠然浮现，为空间平添气质。

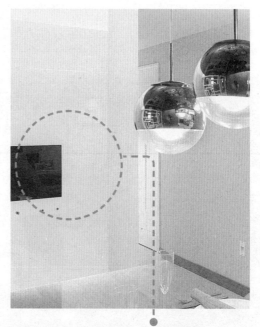

案例 2 搭配工法制作刻字变化

原房状况：超过 30 年未装修过的老房子

业主需求：希望设计满足一般性需求之外，同时加入一点个人特色

重新设计：想让玻璃不只有功能还要有型，不妨结合设计，运用文字在玻璃表面加以变化，留下一段自己喜欢的文句，或特别有意义的话语，除了装饰性更别具特色，突显个人品味。

案例 4 用于遮挡检修口提升美感

原房状况：检修口外露破坏整体风格

业主需求：希望能将检修口隐藏起来

重新设计：检修口是居家空间中不能舍弃的部分，但外露却又影响整体美观，这时可参考饭店式的设计手法，运用烤漆玻璃遮挡检修口，平时只看得到"电视荧幕"，需要时再打开检修，实用又不破坏美感。

案例 3 材质混搭省钱又不失质感

原房状况：电视墙设计呆板无变化

业主需求：要在预算内搭配出质感

重新设计：玻璃材质的价格虽然比较便宜，但清透的特色却可以和昂贵的石材混搭，制造出纯净沉稳的质感，此外，石材与玻璃的价差大，若能交互使用，也可省下一笔建材费用，面子、里子都兼顾到了。

附录

当设计师和业主经过沟通、讨论出结果，并画出设计图后，会评估出一个装修所需费用，这就是工程估价。估价的依据主要来自于设计图、使用建材、施工规范等，至于设计费和监造管理费，则视设计师而定是否包含在内，在签约之前应事先询问清楚，以免造成日后有所纷争。

Rule1：设计费计算方式不一

设计费的计算方式通常以面积计价，但也会因装修公司而异，以演拓设计而言，则是将设计费、监造管理费合并，依工程款的百分数计算收取，虽然有些装修公司会打出不收设计费的条件吸引业主，但是否能兼顾品质和细节，还是需要谨慎三思。

Rule2：先估价再设计较为精准

一般来说，先设计再估价是装修公司常见的方式，但很有可能出现设计完成做预算时，才发现超出业主计划，因此先估价再设计的方式这也许是一种可考虑的作业模式，而且可以在预算范围内，依照需求精准设计，对设计师和业主来说都更有保障。

Rule3：可先看估价单形式再设计

在先做设计再估价的情况下，通常设计已经完成才看到估价单，这时若发现估价单模糊不清，也较难回头了，因此在设计签约前，业主可要求先看一下估价单的形式是否清楚，确定无误后再进行。

Rule4：估价单看单价不看总价

多数人拿到估价单，第一眼都会看总价是多少，但请注意，并不是总价低就好，应该要看清楚每项的单价，是否有详实清楚标示设计项目、使用材料、数量等，这些都会影响价格高低，不得不留意。

Rule5：估价单张数多比少好

虽然不是说估价单张数越多就代表越好，但基本上，张数越多表示估价内容越详细，较能减少疑虑与纠纷，试想，同样估算100万的装修费用，一家出示10张估价单，另一家只有3张，哪一份估价单会比较详实清楚并对业主有利呢？

Rule6：留用部分也列入估价单

为了防范日后不必要的争议，估价单上可多条列出未做及留用的项目，例如：房门沿用原本旧门，并未重做换新，即可于估价单上注明"房门留用"，帮助设计师和业主理清责任归属，避免纠纷。

Rule7：数量单位不同时可换算比较

由于每家装修公司的报价原则不同，因此面积多少和价格高低不见得绝对相关，当看到估价单上的数量单位与一般不同时，建议业主可自行换算，例如：瓷砖的计价单位一般以"面积"为主，若估价单上以"片"计价，则可用"面积÷瓷砖尺寸＝所需片数，再将片数×瓷砖单价"，就能了解报价是否真实。

Rule8：相关费用支付应事先谈妥

在装修过程中，会出现一些因装修而衍生的费用，例如：清洁费或物业规范中的相关费用，这时常会发生这笔钱应由装修公司吸收，还是业主支付的状况，建议在签约时就先理清、谈妥，才不会因此让合作关系不愉快。

Rule9：专业与服务无法用"价格"衡量

估价单上的金额高低固然攸关钱包，但也别忘了，设计师的专业能力、能提供哪些服务、使用材料的品质等，亦同样重要，而这些并不是从价格就能看出来的，所以单价低不代表相对的便宜，业主们在与设计师互动时，不妨多加留意比较。

怎样的设计称得上"贴心"？当业主搬进新家后，说出："这个房子真好住！"就是最好的答案了。世界上每个人都是独特的，即使是双胞胎，也有不同的习惯、喜好及需求，因此如何让居家设计符合个人需要，绝对是贴心设计的核心原则。充分了解业主的各种需求，并主动为他们设想、提出建议，再着手规划设计，才能真正发挥"贴心好设计"的价值！

Rule1：从了解自己要什么开始

你对自己的居住习惯、物品数量清楚吗？相信大多数人都无法快速、具体地说出来，因此建议业主可以先把想到的需求、想改善的不便等写下来，再努力回想一下平常生活中曾经遇到哪些使用不顺手的状况，接下来就把难题交给设计师解决。

Rule2：透过居家调查了解居住需求

藉由设计师的居家调查，仔细计算鞋子、衣物、书籍、特殊收藏等的收纳量，除此之外，小至垃圾桶的摆放位置也需纳入考虑，整合后再进行设计规划，才能打造住的舒适、顺手、便利，会体贴居住者的空间。

Rule3：居家导览服务可实际体验使用

业主面对着平面设计图时，常无法想像这个空间是什么样子，就算有 3D 图辅助，对于一些功能性的设计，还是没办法知道使用起来的感受，因此居家导览服务，能带着业主实际走访设计师的家，真实体验在居家生活中，这些贴心设计是如何提升生活品质，让设计自己说话。

体贴生活的设计

Design1：方便的双切开关回家灯

回到家第一件事就是开灯，但等到要进房间休息时，还得特别跑到玄关或客厅关灯，实在是有点麻烦，这时只要在房间入口规划双切开关，就能在进房同时顺手关灯了。

Design2：让油烟无处逃逸的导风机

开放式厨房四窜的油烟，总是让下厨的人头大，这时可在燃气炉周围装设导风机装置，帮助油烟向上飞，由抽油烟机吸排至室外，再搭配天花板装设的抽风机一起使用，就能让油烟无处可逃了。

Design3：打扫用具也要有一个家

扫把、拖把、刷子、除尘纸等居家清洁用具，尺寸长、不好收纳，堆在墙角又不美观，这时可以在阳台帮它们规划一个能排排站好的"家"，运用这些现成的设备收纳这些用具，一目了然也清爽干净。

Design4：不再看到发霉的硅利康接缝

浴室台面与墙面之间的缝隙，最常使用硅利康填补以防渗水，但潮湿的环境也很容易导致硅利康发霉、变黑，为了解决这个问题，台面可选用人造石，并在与墙面交接处让石材延伸到壁面、一体成形，就可以减少硅利康的使用，当然也就减少了硅利康的发霉机会。

Design5：半夜起床不怕摸黑跌倒的夜灯

晚上睡觉时有留一盏夜灯的习惯，但又觉得灯光刺眼、影响睡眠吗？建议可将夜灯设计于床头柜下方，灯光不会照到眼睛，且光线透射区域刚好就在下床处，不怕找不到拖鞋，又有照明作用。

让生活更安全的设计

Design1：不阻碍空气流通的防坠设计

高楼阳台最担心发生坠楼意外，装设铁窗又有种被关起来的感觉，这时可以选择细线型的防坠装置，不但韧性强和坚固度足够，而且远看几乎不会发现它的存在，透光又通风。

收纳规划建议

Design1：阳台必备的防水收纳柜

阳台是常需要用到水的区域，也有许多打扫或浇花器具需要收纳，但一般木作柜的材质遇水容易腐烂损坏，无法在此使用，因此可选择户外专用的防水板材制作柜体，可收纳又不怕潮湿。

Design2：结合神龛功能的收纳餐柜

家中有长辈的居家空间，常遇到需要规划神龛以便祭祀，但神龛又很难融入整体风格，这时不妨将神龛规划于餐柜中，下方可摆放祭祀用品，并可设计酒柜、收纳抽屉等用途，满足老人家的心愿也兼顾风格设计。

Design3：保持浴室台面清爽的侧拉篮

牙刷、牙膏、漱口杯是天天要使用的
盥洗用品，也是让浴室台面乱糟糟的
来源，这时在洗手台侧边设计一个通
风的拉篮，将所有物品统一置放，不
但解决了台面上的杂乱，也养成家人
随手收拾的好习惯。

Design4：能沥干余水的杯子收纳
抽屉

水壶和水杯的位置距离近，使用起来
才方便，在餐柜下方以拉篮抽屉做为
杯子的收纳区，通风的设计可将余水
沥干，也省了想喝水时还得跑去厨房拿杯子的麻烦。

Design5：把 CD 藏在茶几 & 电视墙里

CD 和 DVD 是许多家中都会需要收纳的物品，且大多数的人会在客厅
播放音乐，所以最好能被放置在随手可拿取、又不易被看到显乱的地
方，建议可先计算好 CD 的数量及尺寸，订制一张有薄抽屉的茶几，
CD 就有藏身之处了，较常听或看的 CD、DVD 则可在电视墙下规划
收纳格摆放，实用又具有布置效果。

Design6：让外套不被拉门夹到的衣挡设计

大衣、外套在开关拉门时总是容易被门夹到，常常需要开关两次才能完成动作，因此运用门挡和书挡的概念，在柜子内加设衣挡装置，将衣物固定好，就能轻松开关拉门，不用小心翼翼怕夹到衣服了。

Design7：增加书桌使用空间的吊灯概念

书桌和台灯似乎是不可分开的组合，但台灯的体积不小，放在桌面上往往占掉了不少空间并造成清洁上的困扰，因此不妨将台灯改以吊灯取代，除了增加桌面使用范围外，由上而下均匀的光线分布，也较为柔和、不刺眼，同时也减轻了清洁工作的负担。

Design8：不同尺寸的杂物都能乖乖归位

收纳设计在居家空间中占了极大的比例，但不是只要有柜子就行了，柜子内部的规划才是收纳是否好用的关键！依照物品类型、尺寸、方便拿取的位置，将柜内或抽屉有系统的区隔、分类，如: 公事包、行李箱、发票、保单、电器使用说明书、各种饮品瓶罐等，都能清楚归位，不再怕翻箱倒柜找不到了。

房子移交给业主之后，设计师就没事了吗？当然不是，移交后的保固与内外维修，也是设计师的责任喔！有时候保固期甚至延长为终生服务，只要业主遇到家中的大小问题、"疑难杂症"，都会找设计师协助处理，从维修也能看出设计师的服务品质、与业主之间的互动关系是否良好。

Rule1：装修保固期长达 3 年

一般来说，装修完工后的保固期大约 1 年，目前演拓则提供了长达 3 年的保固期，在保固期内的修缮为免费，超过之后再视情况酌收工本费，希望不只给房主一个设计贴心的好房子，更提供体贴的售后服务。

Rule2：想得到的都属于维修范围

灯具故障是业主最常提出的维修项目，其他诸如：拉门故障、木作封板裂开、门铰链故障、水槽水管漏水、门板变形、除虫、增加讯号线材、空调滴漏水、空调不冷等，都属于维修范围，因此每当收到房主的维修电话时，设计师一定会带着工具箱及备有灯泡、常用小配件的工作袋，一起协同工人登门拜访。

当装修工程完成之后，设计师的工作告一段落，准备将房子交给真正要居住在内的主人，但是房主并非全程参与，很多细节和注意事项也不甚清楚，这时就需要由设计师在移交时，把相关事宜仔细说明、交代详尽，让完工的新居和房主建立好默契，住起来才会真的"好住"。

Rule1：交房说明书让房主了解自己的新家

交房时不只有口头上的说明，还要准备一份移交说明书，包含移交事项说明及施工细节，除了帮助房主了解这个空间，同时也提醒入住之后有哪些需要留意的地方，以及简单的保养维护方法，让房子和居住者取得最舒适的平衡。

Rule2：给房主的居家锦囊妙计—交房袋

在移交最后会提供一个交房袋给房主，里面有交房说明书、一份内含平面图、管路图等相关图面的光碟，还贴心地附上家具保护垫等，日后若发生任何状况，都可从交房袋中调阅图面对照，不用再大费周章找图，省下时间与麻烦。

图书在版编目（CIP）数据

设计师教你这样装修不抱怨 没争吵 更耐用 / 张德良著 .
-- 北京 ：北京联合出版公司，2014.11
ISBN 978-7-5502-3848-0

Ⅰ . ①设… Ⅱ . ①张… Ⅲ . ①住宅－室内装修－图解
Ⅳ . ① TU767-64

中国版本图书馆 CIP 数据核字 (2014) 第 247139 号
版权登记号：01-2014-6728

《一看就懂！设計師教會你裝潢不後悔必學攻略：裝修過程最容易出錯的 350 個關鍵
1000 張實景照直擊破解！》
中文简体字版 ©2014 由北京紫图图书有限公司发行
本书经台湾城邦文化事业股份有限公司麦浩斯出版事业部授权，
同意经由北京紫图图书有限公司，出版中文简体字版本。
非经书面同意，不得以任何形式任意重制、转载。

设计师教你这样装修不抱怨 没争吵 更耐用

项目策划　紫图图书 ZITO®
丛书主编　黄利　监制　万夏

作　者　张德良
责任编辑　王巍　赵晓秋
特约编辑　宣佳丽　路思维　张敏
装帧设计　紫图图书 ZITO®
封面设计　紫图装帧

北京联合出版公司出版
（北京市西城区德外大街83号楼9层　100088）
北京瑞禾彩色印刷有限公司印刷　新华书店经销
125千字　889毫米×1194毫米　1/16　17印张
2014年11月第1版　2014年11月第1次印刷
ISBN 978-7-5502-3848-0
定价：69.90元